从零基础到烹调大师 烹饪鲁班工坊系列

# 调味品与调味

主 编 张 涛 钱 雷

U0212735

中国商业出版社

**图书在版编目(CIP)数据**

调味品与调味 / 张涛,钱雷主编. – – 北京:中国
商业出版社,2021.8

ISBN 978 – 7 – 5208 – 1635 – 9

Ⅰ. ①调… Ⅱ. ①张… ②钱… Ⅲ. ①调味品 – 基本
知识 Ⅳ. ①TS264.2

中国版本图书馆 CIP 数据核字(2021)第 093993 号

责任编辑:李 飞 蔡 凯

中国商业出版社出版发行

010 – 63180647 www.c – cbook.com

(100053 北京广安门内报国寺 1 号)

新华书店经销

炫彩(天津)印刷有限责任公司印刷

*

787 毫米×1092 毫米 16 开 10 印张 200 千字

2021 年 8 月第 1 版 2021 年 8 月第 1 次印刷

定价:58.00 元

* * * *

# 前　言

中华饮食文化历史悠久，是中华文化的重要组成部分。中华饮食文化特别是中式烹调技艺在世界饮食文化中占据了重要的地位。在 2021 年 4 月，习近平总书记对职业教育工作作出重要指示强调，在全面建设社会主义现代化国家新征程中，职业教育前途广阔、大有可为。加快构建现代职业教育体系，培养更多高素质技术技能人才、能工巧匠、大国工匠。为更好地贯彻落实全国职业教育大会精神，推进社会主义文化强国建设，弘扬中华饮食文化特别是中式烹调技艺、传播中华美食、传播中华优秀文化，经过多次调研论证，我们邀请部分中国中餐烹调技艺的专家学者和烹饪大师精心编写了这套《零基础到烹调大师——烹饪鲁班工坊系列丛书》。

本系列烹饪教材的编写，结合餐饮行业的特点及烹饪人才的需要，根据国家对职业教育的发展要求，以期提高教学质量，改进教学方法，不断推进教学改革，尽快地为社会培养更多更好的烹饪人才。该系列教材既适合高职院校师生使用，又适合中职学校师生及社会培训机构使用。

《调味与调味品》是一门专业基础课，也是烹饪工艺的基础知识，具有很强的理论性和实践性，对后期专业课程和实际应用有很大的指导意义。随着社会的发展、现代技术和新调味的不断提高，调味品越来越多，调味技术也越来越复杂，味型的分类越来越细，人们对口味的要求越来越高，调味品和调味技术也进入了一个新的高度，各种调味出现了新的变化。因而，本书在编写过程中十分注重理论与实践相结合，迎合了现代餐饮业对调味品以及调味新的需求，也满足人们对口味的新要求，教材紧贴实际，在内容的取舍上做到新内容突出，高中低结合，既有成熟的内容，也有新的观念；既有理论知识，也有操作实例和方法，对指导厨师的调味技术有一定的指导意义和实践意义，是厨师必须掌握的内容。体现教材的时代性、职业性、趣味性和实用性，在结构上采用循序渐进，归类合理，便于学生理解和掌握,打破以往的笼统性的模式,对学生的专业技能学习有重要的指导作用。

本书由江苏省徐州技师学院张涛、邳州市中等专业学校钱雷担任主编,全书由张涛统稿整理。在编写过程中,得到了江苏省徐州技师学院、邳州市中等专业学校领导的大力支持,在此表示衷心的感谢。

由于编者时间仓促、水平有限,缺点遗漏在所难免,书中缺点、不妥之处,恳请专家、同行及广大读者批评指正。

编者

2021 年 7 月

# 目　录

# 第 一 章

调味品基础知识

# 第一节 调味品原料概述

调味品又称调味原料，是指在菜点制作过程中用量较少，但能提供和改善菜点口感的一类原料。

随着我国人民生活水平的提高，常用的食品调味品不再仅仅是酱油、醋、盐、大料、味精等，各种用途的新兴调味品也相继问世。

随着食品工业化、营养化、方便化的发展，我国工业化的生产代替手工制作，将各种调味料经加工、制成各种方便调味料，制成各种粉状、液体或半流体糊状的调味品，添加到各种菜肴与方便面等食品中。

## 一、调味品的概念和化学成分

### 1.调味品的概念

调味品又称调味料或调料。在烹饪过程中，能够突出菜点口味、改善菜点外观、增进菜点色泽的非主、辅料，统称为调味品。调味原料按味别的不同分为单一调味料和复合调味料。单一调味料又分为咸味调料、甜味调料、酸味调料、鲜味调料、香辛味调料五大类。复合调味料是指用两种及以上的单一调味料经加工再制成的调味料，如糖醋味、红油味、香糟味、芥末味等。由于使用的配料、比例及加工习惯的不同，所以复合调味料的种类特别多。

在以上两大类调味料中，单一调味料是调味的基础。只有在了解其组成成分、风味特点、理化特性等知识的基础上，才能正确运用各类调味料，达到为菜点赋味、矫味和定味以及增进菜点色泽、改善质地、增进食欲等目的。

### 2.调味品的化学成分

各种调味品具有不同调味作用，因为它们有自己特定的呈味成分，即化学成分。化学成分的呈味与其化学成分的特性有极密切的联系。不同的化学成分可以通过对人们不同部位的味觉器官的作用引起不同的味感，这就是我们通常感觉的咸、甜、酸、苦、辣、鲜和香等。现将可以引起各种味感的化学成分分析如下：

（1）咸味

咸味主要来源于氯化钠，通常称为食盐，是由化学元素氯和钠化合而成的结晶体，也是具有安全性的一种无机盐类。食用盐咸味较其他盐类显著和纯正。其他的一些盐类物质一般都有咸味，但由于化学成分的不同往往含有苦味。例如，粗盐发苦，是因含有钾、镁的缘故。调味品中的酱油及酱类也具有咸味。其实它们都是含有食盐成分的加工制品，其咸味仍是氯化钠成分所致。

（2）甜味

甜味调味品主要有食糖、蜂蜜和糖精等。食糖由有机碳水化合物的糖类成分提炼而成的；蜂蜜是人工养殖的蜜蜂采花蜜酿制而成。它们的甜味来源主要是具有生甜作用的氨基、羟基、亚氨基等基团与负电性氧或氮原子结合的化合物质产生的。其甜度一般以蔗糖为标准。蔗糖是食糖的主要成分，蔗糖是由两个单糖分子结合而成的糖，水解能生成一个分子的葡萄糖和一个分子的果糖。果糖的甜度大大高于蔗糖。

（3）酸味

酸味是由有机酸和无机酸及盐类分解的氢离子所产生的。不同种类的酸具有不同的酸味感，调味用的多种食醋、番茄酱等都有酸味。酸味的主要成分是醋酸、乳酸、酒石酸、柠檬酸等，这些都是有机酸。有机酸是一种弱酸，能参与人体的正常代谢，一般对人体健康无影响，能溶于水，其酸味不如无机酸强烈。

（4）辣味

辣味是一些不挥发的刺激成分刺激口腔黏膜所产生的感觉。辣味的调味品较多，其成分很复杂。辣味可分为热辣味和辛辣味两大类：热辣味是在口腔中能引起烧灼感的辣味，如辣椒就属于此类；辛辣味是具有冲鼻刺激感的辣味，除作用于口腔黏膜外，还有一定的挥发成分刺激嗅觉器官，如生姜、大蒜等辣味就属此类。但是不同品种的辣味来自不同的成分。例如，辣椒的辣味来自辣椒碱成分；胡椒面的辣味则是辣椒碱和椒脂成分所产生的；生姜的辛辣由姜油酮和姜辛素成分构成；葱、蒜的辛辣味系蒜素所致。

（5）鲜味

鲜味调味品可以增加菜肴的美味。调味品中的味精、蚝油等都有鲜味。鲜味的主要有效成分是氨基酸、酰胺、三甲基胺、核苷酸等。如味精、酱油的鲜味就是氨基酸类的谷氨酸钠。

（6）香味

香味主要来源于挥发性的芳香醇、芳香醛、芳香酮以及酯类和萜烯类等化合物。常用的呈香味的调味品有大、小茴香，桂皮，花椒等，都含有这类化学成分。还有黄酒、芝麻等也有香味，它们的香味也来自这类化合物。例如，芝麻油、芝麻酱含有酚基化合物的芝麻素，黄酒的香味来自酯类。酱油的香味是由酯类、胺类、醛类及酸类所组成的。

（7）苦味

苦味主要来源于黄嘌呤物质的生物碱和糖苷两大类。如苦杏仁苷、咖啡碱等。调味品中陈皮是典型的苦味，它主要成分是糖苷的柚皮苷和新橙皮苷。

## 二、调味品的分类

### (一)根据调味品来源来分

1.咸味类:如食盐、酱油等;

2.甜味类:如糖、饴糖、蜂蜜、糖精、木糖醇等;

3.酸味类:如醋、果汁、柠檬汁、番茄酱等;

4.苦味类:如陈皮、茶叶等;

5.鲜味类:如味精、鸡精、蚝油、虾子、沙茶酱、鱼露等;

6.辣味类:如辣椒、胡椒、芥末、咖喱等;

7.香料类:如八角、桂皮、丁香、薄荷等。

### (二)根据生产加工来分

1.发酵调味品:如酱油、醋、酒、糟等;

2.基料调味品:如食盐、糖、柠檬酸、乳酸等;

3.天然调味品:如用酸加水分解,各种提取物,包括各种肉类提取物;鱼、虾类提取物;各种植物提取物以及用有关植物经粉碎混合成粉状的如五香粉、咖喱粉、花椒粉、辣椒粉等。

### (三)根据调味品味型来分

1.单一调味品

单一调味品是指具有单一味型的调味品,如食盐、白糖、辣椒等。

2.复合调味品

复合调味品是指在传统调味品的基础上开发和研究的一种新型调味品。近年来,随着人们生活水平的提高,口味的不断改变,复合调味品成为调味品中的一大类主导产品,越来越受到人们的重视。

(1)复合调味品的特点

①方便性

复合调味品是用多种调味品发酵、配制而成的新型调味品,它的方便性在于能直接食用,方便旅游、工作午餐。随着工作、生活节奏的加快,复合调味品越来越被消费者所重视。

②多味性

复合调味品是用多种调味品配制而成的,因此具有很强的多味性。由于复合调味品的多味性,决定了人们对此类产品的钟爱。复合调味品能增进食欲,改变人们的膳食结构,色、香、味都具有独特性,很具有开发潜力和价值,是调味品发展的新方向。

③营养性

复合调味品的营养十分丰富，各种营养成分含量高，许多物质还能分解合成新的营养物。复合调味品含有多种氨基酸，其中人体不能自身合成的八种氨基酸十分丰富，并含有大量的糖分和维生素，有些物质还能起到美容、保健、治病等功能。

④膳食性

复合调味品具有很强的膳食性，可调节人们的口味，改变人们的膳食结构，起到营养搭配，有利健康的作用。

(2)复合调味品的开发与研制

复合调味品是在传统调味品的基础上产生而发展的，它是一种新型的调味品种类，受到消费者青睐和喜爱。复合调味品的开发需要许多优质传统调味品作基础物质。因此，生产好传统调味品是开发研制复合调味品的首要条件，传统调味品需要传统的方法生产，才能达到理想效果，才能讲究色、香、味，才具有其独特性和风味特征。如豆豉、麦酱需要经过三伏天暴晒，需要长时间的发酵，才能形成特殊风味。

复合调味品主要讲究的是味，味是产品的主心骨，可味讲究一个"调"字。在开发和研制过程中，要特别注意味型，根据味型合理掌握配料比例，原材料的营养成分和香型。

复合调味品需要大量的香辛料作为辅助原料，这些香辛料在产品中起着呈味型的作用，同时还可增加调合本产品的色泽，在产品中起着赋色的作用。

香辛料在复合调味品中主要作用是增香、增色、除异味。开发、研制复合调味品，要保证产品鲜香可口，风味独特。

随着我国人民生活水平的不断提高，复合调味品将会进入一个新的发展时期。

## 三、调味品的作用

1.去除原料的腥膻异味

有些调味品具有去除腥膻异味的作用，如黄酒、醋能溶解腥膻异味的物质，并随着气化而挥发掉，从而达到去除异味的目的。

2.突出和确定菜肴的口味

菜肴的口味是通过调味品来确定的，如咸味来源于食盐、甜味来源于糖、酸味来源于醋等，从而突出和确定菜肴的口味。

3.增加菜肴的鲜味，增加食品的可食性

许多调味料均含有氨基酸，核苷酸和酰胺等成分，而这些物质正是增加食品鲜味的主要成分，突出了食品的鲜味。还可提高食品的抗氧化能力、降低水分活力，使食品便于贮藏，防止食品品质发生变化。

4.改善食品的风味

来自化学的调味食物在生产过程中往往有异味，而加入一些调味品可以起到掩盖和缓解的作用，改善口感。还可以防止食物氧化，把水解提取物中多种氨基酸和糖类加热产生美拉德反应，出现具有棕色的强烈香味，并具有着色作用。

5.改变菜肴的外观和色泽

有些调味品能改变菜肴的外观和色泽。如酱油、饴糖可以给菜肴上色，饴糖和蜂蜜还具有使菜肴炸制后酥脆的感觉。

6.具有杀菌消毒和保护营养素的作用

葱姜蒜、酒、醋具有杀菌消毒的作用，保证食品的安全。醋还可以阻止维生素的损失。

7.增进营养，有助于人体健康

一些调味品含有一定的营养物质，一些从食物原料中的提取物，如酵母提取物、食用菌提取物等，不仅可以增强体力，有些调味物质还可以预防中老年人发生脑血管病变等，有的还有一定的抗癌作用。

# 第二节  调味品的使用原则

## 一、调味品的使用

### 1.正确认识和选择调味品

调味品作为烹调中的辅助食品，因为食用量较少，不能作为膳食中主要营养素的供给。它最重要的作用还是调味。

调味品种类较多，口味和特点各异，只有正确认识和选择，才能烹调出味美的菜肴。各种调料虽然口味不同，但有些调料外表似乎相同，如白糖和盐、料酒和醋、面粉和淀粉、糖粉和粉状味精、砂糖和晶体味精、花椒水和料酒或食醋等，稍不注意，使用时就会"张冠李戴"，调错口味，影响菜肴的质量。为避免这种现象，做到用料准确，就必须熟悉各种原料的形状、颜色特征。

调味品是我们日常烹调中不可或缺的重要组成部分。近年来，调味品市场发展迅猛，创造出很多适合消费者不同需要的名、特、优产品，但无论如何，调味品的基本功能不能变，它是增进菜品质量，满足消费者的感官需要，刺激食欲的辅助食材，任何随意添加不健康成分的生产厂家或经销商，都是违反《中华人民共和国食品安全法》的。只有合理利用食之有度，才能更好地发挥它们的作用。

### 2.合理安排摆放位置，取用方便

烹制菜肴时，尤其是快炒火菜，动作迅速，心情紧张，使用调料更要稳、准、快。要把盛调料的器皿合理摆放，相对固定，养成习惯，使用起来就能得心应手。通常摆放的方法是：先用的放在近处，后用的放在远处；常用的放近些，不常用的放远些；有色的放近些，无色的放远些，相同颜色的间隔摆放；液态的放近些，固态的放远些；易酸败的(如料酒、湿淀粉等)离火口远些，不易酸败的(如盐、糖、油等)可距火口稍近些。

### 3.注意卫生，防止污染

调料在存放过程中，要讲究卫生，防止污染或腐败。平时要常清理调料器皿，对易酸败的调料要少盛一些，注意勤换。用作凉拌菜的调料，要注意加热消毒，盛酱油的器皿中可少滴上一点熟食油，使油封住酱油的液面，可防止变质。暂时不用的调料要加盖保存，放在通风、清洁、干湿度适中的地方，保证其不变质。

## 二、调味品的使用原则

准确、恰当地运用各种调味方法，是烹调技术的基本要求。由于各种烹饪原料的质地、形态、本味和个地方的口味也不同，统一类菜肴在烹调时具体操作方法也有差异。因而在掌握菜肴的调味方法、味型的应用、调味品的数量以及投放的时机上，都要遵循以下一些基本原则。

1.确定口味，准确调味

在调味时，先要根据菜肴的特点原料性质、质地老嫩和各地方的消费习惯，确定一份菜肴的味型。再根据这一味型考虑应该使用哪几种调味品，及它们的用量，做到准确调味。放调味品分量必须恰当。要求操作者自己首先要了解这份菜的正确口味，如一份菜中有几种味，必须明确它们的主次。例如有些菜以酸甜为主，其他为辅；有些菜以麻辣为主，其他为辅；还有些菜，上口甜收口咸，或上口咸收口甜等。这些菜在调味品方面必须恰当地掌握，才能保证每份菜肴的特有口味。

2.根据原料的性质进行调味

凡是鲜活的荤素原料，要保持它本身的味道，切忌被调味品所掩盖。如鸡、鸭、鱼、虾、肉类、蔬菜等，调味品不宜过重，均不宜过咸、过酸、过甜、过辣等，以免压过原有的鲜味，保持其本身的鲜美味；不新鲜的原料和带有腥膻异味的原料，如牛、羊、野味、内脏等，应多用一些能去除腥膻的调味品，如酒、糖、胡椒、花椒、五香、葱、蒜、姜、干辣椒等调味品，以达到去除腥膻异味的目的，并促其鲜、香；有些原料本身无显著的鲜味，如海参、木耳、发菜等，要适当增加调味品，以增加其鲜味。凉拌蔬菜或者水果，就要选择口味清淡的调味料调味，而且选取少量的几味如盐、味精即可。

3.根据调味品的性质调味

不同性质的调味品作用也不同，投放时间和方法自然该有所差异。如醋较易挥发，所以一般在菜品出锅前才投入，又如香油也是在菜品起锅时滴几滴即可。

每一种调味品，都有其本身的特点和作用。如酱油中就有红酱油和白酱油之分，白酱油咸鲜，用于提味；红酱油甜咸，用于提色。各有不同的作用。又如醋和糖醋，一个是醇酸，基本用于加热过程中的调味；一个是甜酸，基本用于凉拌菜肴的调味。因此要正确使用调味品，就要掌握调味品的性能和作用。

渗透力弱的调味品先加，渗透力强的调味品后加。例如先放砂糖，其次是食盐、醋、酱油、味精。如果先放食盐，就会阻碍糖的扩散，因为食盐有脱水作用，促进了蛋白质的凝固，使食物表面发硬且具有韧性，砂糖渗入就很困难。没有香味的调料（食盐、砂糖等）可在食物中长期加热而无妨；有香味者则不可如此，以免香味散逸，因此不可早加，这就是醋和酱油应在食物起锅前再添加的理由。

味精在菜肴烧好后盛盘之前添加为好，而且最好只在汤、菜中使用。炒鸡蛋不要放味精，因为鸡蛋中含有许多与味精成分相同的谷氨酸钠，炒鸡蛋放味精，不但增加不了鲜味，还破坏了鸡蛋本身的天然鲜味。

**4.应根据烹调方法的不同准确投放调味品**

如清炖的菜肴与红烧的菜肴不一样,应按不同要求投放调味品。决定菜肴的主味:首先要决定菜肴的主味,之后按主味的要求,正确进行调味;做同一种菜肴,无论烹制多少次,口味要做到始终一致。

**5.要根据用膳者的口味进行调味**

由于各个地区的气候、物产和饮食习惯的不同,故各有其独特的口味要求。如山西、陕西多喜吃酸;湖南、四川、云南、贵州等多地喜食香辣;江、浙等地则多喜甜与清鲜;而河北、山东、东北各地又多喜食咸与辛辣。这也是构成地方菜肴特色的主要因素。因此,调味时,就要在不失其独特风味的基础上,适当照顾不同的口味要求。在保证主味不变的前提下,应根据进膳者的口味,准确、合理使用调味品,使进膳者满意。

**6.要根据季节变化进行调味**

通常来说冬季口味偏重,冬天人们怕冷,口味就可以重一些,使菜品口感丰富,让人更有食欲。夏季口味则偏清淡,夏天天气炎热,人们食欲不好,所以饮食就要清淡,可以酸爽可口,烹调时应顺应四季变化,满足人们的口味要求。夏季比较炎热,易出汗,食欲较差,人们比较喜食清淡、爽口的菜肴;而冬季比较寒冷,人们比较喜食味较浓厚的菜肴。俗话说"春酸""夏苦""秋辣""冬咸"就是这个道理。因为春天易感疲劳、发困倦,酸味可以提神;夏天,苦味(苦瓜)性凉,能解暑;秋天,辣味能去凉提热,帮助人体适应气候的变化;冬天,多吃些盐可以增加人体热量,帮助人体抵御寒冷。一天早、午、晚三餐对味的需要也有差别;小孩、年轻人、老年人或病人、脑力劳动者或体力劳动者,对口味的要求也不相同。又如,饮酒菜肴味宜轻,佐餐菜肴味宜重等。这都要根据食者的具体情况,采用不同的调味。

**7.根据味型的变化调味**

有些菜品有其固定的味型,特别是一些复合味型的菜肴,一些传统的名菜肴,一般都要严格按照一定用量。如鱼香肉丝、宫保鸡丁,我们在调味时就要按照其固定的味型进行调味,否则做出来的菜肴就会不正宗。

**8.选择优质的调料调味**

如很多人做川菜时都会选用豆瓣酱,但是一定要选择正宗的郫县豆瓣酱做出的菜才够味。

**9.本身无显著滋味的原料,要适当增加滋味**

例如鱼翅、海参、燕窝等,本身都是没有什么滋味的,调味时必须加入鲜汤,以补助其鲜味的不足。

# 第三节 调味品品质鉴别及保管

## 一、调味品原料品质鉴别

**1.调味品品质鉴别原则**

调味品是指能调节食品色、香、味等感官性状的食品。从广义上讲,调味品包括咸味剂、酸味剂、甜味剂、鲜味剂和辛香剂等,如食盐、酱油、醋、味精、糖、八角、茴香、花椒、芥末等都属此类。

调味品的感官鉴别指标主要包括色泽、气味、滋味和外观形态等。其中气味和滋味在鉴别时具有尤其重要的意义。只要某种调味品在品质上稍有变化,就可以通过其气味和滋味微妙地表现出来,故在实施感官鉴别时,应该特别注意这两项指标的应用。

**2.调味品品质鉴别方法**

(1)视觉检验

视觉检验就是通过人们的眼睛——视觉器官来对调味品的外形、颜色、光泽等外部特征来进行判断的一种方法。视觉检验一目了然,范围广,凡是能用眼睛判断的,一眼便可判别。看包装,真品包装字迹饱满、清晰,封口平圆滑;假冒产品包装部分字迹缺失、模糊,封口尖粗。

查防伪标,真品防伪标清晰、粘贴位置一致,部分标志有特殊意义,可通过手机等网络查询;假冒产品防伪标模糊、粘贴位置不一,查询无结果或已被查询过。

液态调味料要目测其色泽是否正常,更要注意酱、酱油、食醋等表面是否有发霉或已经生蛆,固态调味品如腐乳、酱腌菜、味精等还应目测其外形或晶粒是否完整,所有调味品均应在感官指标上掌握到不霉、不臭、不酸败、不板结、无异物、无杂质、无寄生虫的程度。

(2)嗅觉检验

嗅觉检验是通过人们的鼻子——嗅觉器官来对调味品气味的变化进行判断的一种方法。不同调味品有不同气味,一旦气味出现了异味,说明品质有变。

(3)味觉检验

味觉检验是通过人们舌头上面的味蕾——味觉细胞对调味品的口味变化来判断的一种方法,味觉就是调味品的口味刺激人们舌头时的反应。调味品的口味发生变化,说明调味品的品质出现了变化。

（4）触觉检验

触觉检验是通过人们的手——触觉器官对调味品的组织结构的弹性、硬度、粗细、质感等变化来判断的一种方法。调味品这些变化通过手的触摸，形成人大脑对这一调味品的反应，从而判断其变化程度，如摸包装，真品包装滑度均匀，挤压受力均匀；假冒产品包装包角粗糙，部分包装袋变形。

以上方法，适应范围广，但并不孤立存在。有些原料用眼睛就能很准确判断，无须再用其他方法，而有些原料，则需要几种方法共用，才能收到良好的效果。

这四种方法，经验性强，人们对调味品性质要有一定的认识，简单易行，不需要设备、仪器和场所，但是精确度较低。另外在购买调味品时要注意选择正规渠道购买。

## 二、调味品保管

### 1.容器的选择

有腐蚀性的调料，应该选择玻璃、陶瓷等耐腐蚀的容器。含挥发性的调料，如花椒、大料等应该密封保存；易发生化学反应的调料，如调料油等油脂性调料，由于在阳光作用下会加速脂肪的氧化，故存放时应避光、密封；易潮解的调料，如盐、糖、味精等应选择密闭容器。

### 2.环境的选择

环境温度要适宜，不能过高或过低；如葱、姜、蒜等，温度高易生芽，温度太低易冻伤。

环境不宜太潮或太干；如近旁环境太潮湿，则盐、糖易溶化，酱、酱油易生霉；但如太干燥，葱、蒜、辣椒等易枯变质。

有些调味品不宜长时间接触日光和空气。例如油脂类多接触日光易氧化变质，姜多接触日光易生芽，香料多接触空气易散失香味等。

### 3.方法的选择

不同性质的调料应该分别保管，如新油与使用过的油不易相互混合。调料也应及时使用，现用现加工，应根据烹饪使用量决定加工数量。

应掌握先进先出、先制先用的原则。调味品一般均不宜久存，所以在使用时应先进先出，以避免贮存过久而变质。虽然少数调味品如黄酒等越陈越香，但打开后也不宜久存。有些大兑汁调料当天未用完，要放进冰箱，第二天重新烧开后再使用。

掌握好数量。需要事先加工的调味品，一次不可加工太多。如湿淀粉、香糟、切碎的葱花、姜末等，都要根据用量掌握加工，避免一次加工太多造成变质浪费。当天没用完的调料，收档时应更换调味缸，第二天开档时也应更换调味缸。

不同性质的调味品应分类贮存并注意保管。例如，同是植物油，没有使用过的清油和炸过的浑油必须分别放置，不宜相互混合，以免影响质量。湿淀粉每日应调换清水。酱油如贮存较久，可煮沸一下继续贮存，以免生霉。

# 第 二 章

## 调味品的种类

调味原料又称调味品，是指在菜点制作过程中用量较少，但能提供和改善菜点口感的一类原料。

调味用的佐料，调料通常指天然植物香辛料，是八角、花椒、桂皮、陈皮等植物香辛料的统称，复合型香辛料也称作调料。在中国，调味品和调料通常不是一个概念，调味品包括酱油、蚝油、味精、鸡精，也包括调料。

**咸味调料**：咸味自古就被列为五味之首。烹饪应用中咸味是主味，是绝大多数复合味的基础味，有"百味之主"之说。不仅一般菜品离不开咸味，就是糖醋味、酸辣味等也要加入适量的咸味才能使其滋味浓郁适口。人类认识并利用咸味的历史已相当悠久，文献记载中国最早利用食盐约在 5000 年前的黄帝时期。咸味调料包括：酱油、食盐、酱甜味调料。

**甜味调料**：甜味古称甘，为五味之一。甜味在烹饪中可单独用于调制甜味食品，也可以参与调剂多种复合味型，使食品甘美可口；还可用于矫味、去苦去腥等，并有一定的解腻作用。在中国烹饪中南方应用甜味较多，以江苏的无锡菜用甜味最重，素有"甜出头，咸收口，浓油赤酱"之说。自然界存在的蜂蜜等天然甜味物早已为人类所食用。殷墟出土的甲骨文中已有"蜜"字。至东汉已有用甘蔗汁制成的糖。甜味调料包括：蜂蜜、食糖、饴糖等。

**酸味调料**：酸味为五味之一，在烹饪中应用十分广泛，但一般不宜单独使用。酸有收敛固涩的效用，可助肠胃消化；还能去鱼腥、解油腻，提味增鲜，生香发色，开胃爽口，增强食欲，尤宜春季食用。酸味调料包括：醋、番茄酱等。

**辣味调料**：辣味实际上是触觉痛感而非味觉。不过由于习惯，所以也把它当作一味。功能是促进食味紧张、增进食欲。辣味调料包括：花椒、辣椒、姜、葱、蒜等。

**鲜味调料**：鲜味是人们饮食中努力追求的一种美味，它能使人产生一种舒服愉快的感觉。鲜味主要来自氨基酸、核苷酸和琥珀酸，大多存在于肉畜、鱼鲜、禽蛋等主料中。味精、虾子、鱼露、蚝油、鲜笋等食物也可以提鲜。鲜味不能单独存在，只有同其他味配用，方可烘云托月交相生辉，故有"无咸不鲜、无甜不鲜"的说法。鲜味调料包括：鱼露、味精、蚝油等。

调味原料按味别的不同分为单一调味料和复合调味料。单一调味料又分为咸味调料、甜味调料、酸味调料、鲜味调料、香辛味调料五大类。复合调味料是指用两种及以上的单一调味料或复合调味料经加工再制成的调味料，如糖醋味、红油味、香糟味、芥末味等。由于使用的配料、比例及加工习惯的不同，复合调味料的种类很多。

在以上两大类调味料中，单一调味料是调味的基础。只有在了解其组成成分、风味特点、理化特性等知识的基础上，才能正确运用各类调味料，以期达到为菜点赋味、矫味和定味，以及增进菜点色泽、改善质地、增进食欲等目的。

# 第一节 咸味调味品

咸味是一种可单独成味的基本味之一，是各种复合味的基础味，在调味中具有举足轻重的作用。

单一或复合咸味调料中的咸味主要来源于氯化钠。其他盐类如氯化钾、氯化铵、溴化钾、碘化钠等也都具有咸味，但同时也有苦味、涩味等其他的味感。因此，只有氯化钠的咸味最为纯正。

在调味时，使人们感到舒适的氯化钠浓度为 $0.8\%\sim2.0\%$，烧、炖类食物中氯化钠浓度一般为 $1.5\%\sim2.0\%$，腌制品中的氯化钠浓度可达到 $5\%\sim14\%$。菜点咸味的浓度应视对象、场合、气候等因素而定。宴会酒席上因食用菜点数量大而主食少，菜肴的咸味应略淡。此外，每个人对咸味的饮食需要和生理需求并不一致，故在我国有"南甜北咸，东淡西浓"之说。烹饪中常用的咸味调料有食盐、酱油及酱类等。

## 一、食盐

### （一）食盐的发展

盐是我国先民最早发现的呈味物质，在远古时候，人们已经开始食盐。相传夏禹时期已经开拓了盐田。至商殷时代，盐便成为了人们日常生活的基本调料。

关于盐的由来，许慎在《说文解字》中释为："卤也，天生曰卤，人生曰盐"。所谓"天生"，从"盐"的字形便可读出，繁体写法"鹽"的上部包含着"卤"字。《说文解字》释"卤"为"西方碱地也"，就是西方盐泽之地天然析出的盐粒，故而"天生曰卤"，卤又经过滤煮加工结晶成盐，故有"人生曰盐"。

盐是人类生产和生活的必需品之一，社会需求量大，消费弹性极小。在封建社会大部分生产和生活资料自给自足的情况下，盐却不可能自给自足，必须从外界获得。在中国古代社会，盐铁茶酒是少数几项大宗交易商品，但这些商品在不同时期都曾实行专卖，盐是其中实行专卖时间最长，范围最广，造成经济影响最大的品种。在盐类专卖制度下，盐的生产、销售和定价都由官府组织执行，导致其商品属性退化。

2014 年 11 月工信部确认 2016 年取消食盐专营，放开盐产品价格。据了解，取消食盐专营、许可经营制度后，将实行最严格的监管制度；健全食盐储备体系，确保食盐安全供应。此外，还将加快盐业体制调整，提升产业竞争力；健全法律法规,实施依法治盐。依照方案规划,从 2016 年起,废止盐业专营有关规定,允许现有食盐生产定点经营企业退出市场,允许食盐流通企业跨区经营,放开所有盐产品价格,放开食盐批发、流通经营。2017 年起盐业全面按照新的方案实行。

烹饪调味,离不了盐。但古人认为,"喜咸人必肤黑血病,多食则肺凝而变色"。《调鼎集》说:"凡盐入菜,须化水澄去浑脚,既无盐块,亦无渣滓"。做菜的时候,要注意一切佐料先下,最后下盐方好。"若下盐太早,物不能烂"。

中国古人调味,先要用盐和梅,故《尚书》称:"若作和羹,尔惟盐梅"。五味之中,咸为首,所以盐在调味品中也列为第一。今中国人食用之盐,沿海多用海盐,西北多用池盐,西南多用井盐。海盐中,淮盐为上;池盐中,乃河东盐居首;井盐中,自贡盐最好。

盐作为咸味唯一的呈味物质,被使用了相当漫长的一段时间。直到周代,才出现了另一种重要的咸味调料——酱。

### (二)食盐的分类

古时盐的种类繁多,从颜色上分就有:绛雪、桃花、青、紫、白等。从出处分为:海盐取海卤煎炼而成,井盐取井卤煎炼而成,碱盐是刮取碱土煎炼而成,池盐出自池卤风干,崖盐生于土崖之间。海盐、井盐、碱盐三者出于人,池盐、崖盐二者出于天。《明史》记有:"解州之盐风水所结,宁夏之盐刮地得之,淮、浙之盐熬波,川、滇之盐汲井,闽、粤之盐积卤,淮南之盐煎,淮北之盐晒,山东之盐有煎有晒,此其大较也。"南朝陶弘景《名医别录》记有:东海盐、北海盐、南海盐、河东盐池、梁益盐井、西羌山盐、胡中树盐,色类不同,以河东者为胜。

1.按产地划分可分为:芦盐(天津、河北)、淮盐(江苏)、闽盐(福建)、粤盐(广东)、湘盐(湖南)、雅盐(内蒙古)、大青盐(内蒙古)、川盐(四川)。

2.按加工方法划分可分为:原盐、精制盐、洗涤盐、粉碎洗涤盐。

3.按用途划分可分为:加碘盐、畜牧盐、肠衣盐、调味盐、低钠盐、儿童营养盐。

4.按生产方法划分可分为:真空蒸发制盐、平锅制盐、日晒盐和粉碎盐。

5.以原料来源划分可分为:海盐、湖盐、井盐矿盐、土盐等。土盐因为杂质多,一般不作为食用盐。

(1)海盐

海盐是从海水中晒取的,是食盐的主要来源,约占我国食盐总产量的 84%。山东是我国四大产盐区(山东、辽宁、河北、江苏)之一,产量居全国首位。因为海盐的产量大,成本较低,可以大规模生产提纯,质量也较好,便于运输。

(2)湖盐

湖盐又称池盐,是由内陆的咸水湖中提炼的,呈不规则的块状结晶,水分和杂质含量很少,不再经过加工即可食用。我国湖盐资源十分丰富,青海省的茶卡、察尔汉和内蒙古的雅布赖都是著名的湖盐产区。著名的青海盐湖所出产的盐,那是亿万年前由于地质变化,被封闭于内陆的海水蒸发后形成的露天盐矿。还有山西等地以水冲洗盐碱地,待夏秋南风一吹,再结晶而得的池盐。史书还记载了其他特殊的盐,有几十种,如甘肃张掖西北出的桃花盐、青海的青盐、波斯国(今伊朗)的石子盐等。据说最好的食用盐叫光明盐,如同水晶一样莹澈,出产于青海某些咸水湖的水里,也就是盐在自然界的过饱和状态的溶液中形成的结晶体。

(3)井盐

井盐是钻井汲取地下卤水(或将水灌于地下盐层,使盐溶解后再汲取卤水)再经熬制而成。我国四川、云南均有井盐生产,以四川自贡产量较大,历史上称自贡为"盐都",也是"川菜"形成特殊味道的原因之一。井盐因其形状不同,又分为花盐、巴盐、筒盐、砣盐四种。

(4)矿盐

矿盐又称岩盐、崖盐,是蕴藏在地下的大块岩层开采出来的盐矿,经开采后,产量较少。新疆和青海等地均有生产。矿盐的结晶坚实而透明,如水晶状,质量很高,氯化钠含量高达99%,但是其中缺乏碘质,常食易引起甲状腺肿大。另外还有岩盐,也是矿石状的。

6.按用途和纯度还可以把食盐分为:

(1)原盐

利用自然条件晒制,结构紧密,色泽灰白,纯度约为94%的颗粒,此盐多用于腌制咸菜和鱼、肉等。

(2)精盐

以原盐为原料,采用化盐卤水净化,真空蒸发、脱水、干燥等工艺,色泽洁白,呈粉末状,氯化钠含量在99.6%以上,适合于烹饪调味。

(3)低钠盐

普通食盐中,钠含量高,钾含量低,易引起膳食钠、钾的不平衡,而导致高血压的发生。低钠盐的钠、钾比例合理,能降低血液中的胆固醇,适于高血压和心血管疾病患者食用。

(4)加碘盐

加入一定比例的碘化物和稳定剂的食盐。为防治碘缺乏病,在普通食盐中添加一定剂量的碘化钾和碘酸钾。

(5)加硒盐

硒是人体微量元素中的"抗癌之王"。加硒盐则是在碘盐的基础上添加了一定量的亚硒酸钠制成的。硒同样也是人体必需的微量元素,它具有抗氧化、延缓细胞老化、保护心血管健康及提高人体免疫力等重要功能,同时硒还是体内有害重金属的解毒剂。动物的肝、肾以及海产品都是硒的良好来源，而植物食品的硒含量受产地、水土中硒含量的影响，差异很大。中老年人、心血管疾病患者、饭量小的人，可以选择加硒盐。加入一定比例的硒化物的食盐，对防止克山病、大骨节病有一定疗效。

（6）加锌盐

用葡萄糖酸锌与精盐均匀掺兑而成，可治疗儿童因缺锌引起的发育迟缓、身材矮小、智力降低及老年人食欲不振、衰老加快等症状。锌是"生命之花"。加锌盐是以碘盐为原料，再按照国家标准添加了一定量的硫酸锌或葡萄糖酸锌制成的，有利于儿童健脑、提高记忆力以及身体的发育，对预防多种因缺锌引起的疾病有很好的效果。锌作为一种人体必需的微量元素，对人体的生长发育、细胞再生、维持正常的味觉和食欲起到重要的作用，还能促进性器官的正常发育、增进皮肤健康、增强免疫功能。锌主要存在于动物的肉和内脏中，坚果和大豆等食品中锌的含量也较丰富，而蔬菜、水果和精白米面中含量较低。一般提倡摄入平衡的膳食，依靠天然食物来补充锌。但是，身体迅速生长的儿童、妊娠期的妇女、进食量少的老年人、素食者等人群都有可能体内锌含量缺乏。加锌盐可以供上述人群食用。

（7）补血盐

即加铁盐。铁元素含量达到8000ppm左右的食盐。通常往食盐中加入适量硫酸亚铁等铁强化剂获得。加铁盐供缺铁性贫血病人食用。用铁强化剂与精盐配制而成。缺铁性贫血与碘缺乏病、维生素A缺乏并列为世界卫生组织、联合国儿童基金会等国际组织重点防治、限期消除的三大微营养素营养不良的疾病。我国缺铁性贫血发病率很高，强化铁盐添加了一定量的含铁化合物，可用于预防人体因缺铁而造成的缺铁性贫血，提高儿童的学习注意力、记忆力以及人体的免疫力，适用于铁缺乏人群，尤其能满足婴幼儿、少年、妇女、老年人对铁的需要。加铁盐的主要成分是铁，含量为600～1000毫克/千克，含碘量不小于40毫克/千克。

（8）加钙盐

我国多次全国营养普查结果表明，人们饮食普遍缺钙一半左右，儿童、孕妇、老年人缺钙更为严重。加钙盐是在普通碘盐的基础上按比例加入钙的化合物制成，适用于各种需要补钙的人群，可以预防骨质疏松、动脉硬化，调节其他矿物质的平衡以及酶活化等。加钙盐的主要成分是钙，含量为6000～10000毫克/千克，含碘量不小于40毫克/千克。

（9）防龋盐

在食盐中加入氟化钠等氟化合物，使氟元素达到100～250ppm的食盐。适用于低氟地区，对龋齿有一定的疗效。适用于幼儿、青少年食用。

（10）维生素 $B_2$ 盐

在精制盐中，加入一定量的维生素 $B_2$（核黄素），色泽橘黄，味道与普通盐相同。经常食用可防治维生素 $B_2$ 缺乏症。经常患口腔溃疡的人，体内可能缺乏维生素 $B_2$，吃点核黄素盐(维生素 $B_2$ 盐)可以改善这一情况。核黄素盐中的核黄素对人体能量代谢过程也有着重要的意义，并能促进生长发育。维生素 $B_2$ 主要存在于动物性食品中，如果经常吃素，有可能缺乏。维生素 $B_2$ 呈黄色，易溶于水，进入人体后如果有多余的量，会从尿液中排出，不存在摄食过量而中毒的问题。

(11)海群生盐

四川生产的一种药用食盐，按一定比例掺拌海群生原粉的食盐，有防治丝虫病的功能。海群生盐为一种中药药材。

(12)低钠盐

平时吃的普通碘盐其主要成分氯化钠的含量高达 95％以上，钠离子能增强人体血管表面张力，容易造成人体血流加快、血压升高。低钠盐就是根据人体需要，适当降低食盐中的钠含量，增加钾、镁含量的新型食盐。低钠盐是以碘盐为原料，但氯化钠含量降低到 65％以下，再添加一定量的氯化钾和硫酸镁制成，主要供患有肾脏疾病、高血压、心脏病等需要限制钠盐的特殊人群食用。低钠盐可调整体内钠、钾、镁离子的平衡，对防治高血压和心血管病具有一定的疗效。由于氯化钾和硫酸镁也带有少许咸味，而且钾和镁也是人体必需的常量元素，它们对心脏的健康有重要意义。近年来，世界卫生组织提倡全民食用低钠盐。中国生产的低钠盐，含 $NaCl$ 65％，$KCl$ 25％，$MgSO_4 \cdot 7H_2$ 10％。世界各国生产的低钠盐品种较多。美国的低钠盐含 $NaCl$ 50％，$KCl$ 50％。芬兰在 1985 年研制成功一种新型的低钠盐，含 $NaCl$ 57％、$KCl$ 28％、$MgSO_4$ 12％，还有 2％的氨基酸 α—细胞溶素。这种细胞溶素除有调味作用外，还有减少心肌梗死和脑血栓的作用。

(13)风味盐

在精盐中加入芝麻、辣椒、五香面、虾米粉、花椒面等，可制成风味别具的五香辣味盐、麻辣盐、芝麻盐、虾味盐等，以增加食欲。

(14)营养盐

营养盐是近年来新开发的盐类品种。它是在精制盐中混合一定量的苔菜汁，经蒸发、脱水、干燥而成，具有防溃疡和防治甲状腺肿大的功效，并含有多种氨基酸和维生素。

(15)平衡健身盐

海水中的无机盐钾、钠配比与人体血液中的矿物质基本相同，并含有一定量的镁元素，从海水中提取这些有益物质，加入精制盐中，可满足人体对多种矿物质的需求，以达到营养平衡、健身去病之目的。

(16)自然晶盐

自然晶盐以海盐为原料制成，保持了海洋中与人体最接近的组成成分，特别是保持了无机盐类和富含钾、钠、镁、碘等海洋生命元素，颗粒呈晶体状，更适合于沿海地区人群食用。经国家批准，广东为全国获准生产自然晶盐的两个省份之一，早年在部分沿海地区试销时受到广大消费者的欢迎。

(17)雪花盐

以优质海盐为原料，采用目前国际上最先进的特殊工艺加工而成，盐质具有天然纯净、疏松速溶等特点，色泽洁白，含有多种人体必需的矿物质和营养素，是普通碘盐中最高档次的品种。目前，美国、加拿大、日本、韩国、澳大利亚等发达国家正在流行食用雪花盐。

**(三)食盐的作用**

1.食盐能协助人体消化食物

食盐的咸味，能刺激人的味觉，增加口腔唾液分泌，从而增进食欲和提高食物消化率。

2.食盐能参加体液代谢

食盐是体液的重要成分，高温作业的人，出汗过多，需要补充含食饮料；吐泻过多的人，要输入生理盐水；大失血的人也要急饮温盐水等，这些都是因为盐能起到维持人体渗透压及酸碱平衡的作用。

3.食盐能引药入肾

咸味入肾，补肾的药物，宜盐汤送下，使之归入肾经，强肾健体。

4.食盐在溶液中，具有较高的渗透力，烹调时，能提出原料中的汁味

因食盐是强电解质，故能提高原料中蛋白质的水化能力，使部分蛋白质变性。因此，盐在烹调中的最主要作用是增强菜肴的风味和调味。

5.食盐能提鲜菜肴，使之口味鲜美

鱼、肉、禽、畜、蛋、菌类、蔬菜等烹饪原料，都或多或少存在着一些核苷酸、琥珀酸、肌苷酸等呈鲜味的某些氨基酸，但这些氨基酸自身的鲜味并不明显，只有与钠离子结合形成钠盐，才能呈现出明显的鲜味来。多好、多香的菜肴没有盐，也难以提味、增鲜。

6.食盐能使肉料细嫩，突出风味

在烹调初加工中，菜肴事先码味，都必须使用一定量的盐，这不仅是烹饪中的加工工艺，而且是保持菜肴鲜嫩适口的重要程序。熘肉片在上浆时，肉片中在加入少量的水分后，还要再加少量盐。由于盐的作用，使肉片吃足了水分。然后再加入水淀粉、鸡蛋清拌和，将吸足水分的肉片紧紧包裹住。经过这样码味上浆后的肉片，烹制出菜肴来远比以前要细嫩得多。

7.食盐能调和五味

在烹调过程中，食盐是最基本的调味品之一。在菜点中加入食盐，可为菜肴

赋予基本的咸味;直接调味功能,例如清蒸鱼、炸鸡腿、煎猪排等。同时具有助酸、助甜和提鲜的作用。菜肴烹调中,盐可使鲜味更加突出,并与鲜味互相作用。盐可使糖醋味、茄汁味、果汁味等甜酸味类的菜品口味协调可口,食盐对甜味也有协调压抑作用。在纯糖溶液中加入一定比例的盐,这种糖盐混合液比纯糖水更甜,且味道醇和可口。由于酸对味觉的刺激很大,人在食醋时,总会有难以下咽的感觉,若加入适量盐调味,就可使酸辣汁、姜汁、糖醋汁等复合味显得更为协调,味道醇厚悠长。这是因为盐有很强的渗透结合能力,使之与其他味料共同发生使用的结果,实际上调制任何复合味都离不了盐作底味。糖醋里脊少了盐,糖酸味让人难以下咽,甚至作呕;加了盐,以盐调糖酸,压了异味,提了香味,风味更佳。

8.食盐能收敛凝固

由于 $Na^+$ 和 $Cl^-$ 具有强烈的水化作用,可帮助蛋白质吸收水分和提高彼此的吸引力,因此,少量的食盐不但可增加肉蓉、肉糜的黏稠力,还可促进面团中面筋质的形成。在制作茸类菜肴时,加入适量的盐进行搅拌可以提高吃水量,制成的鱼丸、肉丸等更加柔嫩多汁。因为在盐的作用下,原料中的盐溶性蛋白质可逐渐地析出,提高蓉状制品的黏稠度,增强了蛋白质的水化性能。

9.利用食盐的高渗透压来腌制动植物原料

使细胞脱水改变原料的质感、助味渗透及防止原料的腐败变质。盐还可用于菜肴的腌制和烹调加热前的短暂腌制,利用盐的渗透压,使原料水分析出,增加原料的风味。一些整只或料型较大的原料以及一些在加热过程中不宜调味的原料(如用于炸、烤的原料),可以用盐提前腌制,赋予菜肴一些基本味。

10.食盐还可作为传热介质

常用于盐炒花生、盐发海参、蹄筋以及用于盐焗类菜肴如盐焗鸡等的制作。

11.食盐还具有一定的杀菌和消毒作用

一些新鲜的蔬果原料在烹调前用盐水溶液洗涤,更利于去除原料(特别是一些生吃的果蔬原料)外表的细菌和有害物质。另外,夏季的蔬菜易夹带虫卵,特别是体内专有幼虫的豆夹类原料。用盐水浸泡后不仅可以使蔬菜表面的虫卵脱落,还可以使原料体内的幼虫钻出。

12.盐还有助于一些动物性内脏原料的洗涤

许多动物性原料(包括内脏器官原料)的体表都带有一定黏液,带有一定的腥膻气味,在烹调前必须进行加工处理,将其去除干净。虽然这些黏液用清水很难洗净,但在加入一定量的食盐后则容易去除干净。

13.面点制作中,面团中添加适量的盐后,会增加面团的弹性和韧性。发酵面团中添加盐可调节发酵速度,在制作甜馅、甜点心前略加点盐可增加它们的甜味感。

过量食用食盐会使人类患上很多种疾病。中国人食盐量普遍过多。通过全国营养调查，从南方到北方食盐用量成人每天从 12 克到 15 克不等，而世界卫生组织规定的是 6 克。盐过多摄入对身体伤害是有直接性影响的，所以我们对食盐应控量食用，科学饮食。

**(四)食盐使用注意事项**

1.可以使蛋白质凝固。因此烧煮蛋白质高的原料不宜先放盐。咳嗽、水肿病人不宜食用；而高血压、肾脏病、心血管疾病患者应限制摄入量，最好用代盐(氯化钾)或无盐酱油代替食盐以促进食欲。成年人大约每天摄入 6～10 克的盐，少于 6 克全身无力，高于 10 克是高血压的主要来源。

2.烹调中应注意盐的投放时间，制汤时不宜早放盐，否则会使肌肉蛋白凝固，蛋白质不易溶于汤中，使汤不鲜浓；炒制叶茎类蔬菜时宜早放盐，这样盐会使水分溢出，成菜迅速、减少维生素 C 和叶绿素的损失。

3.用盐量要适当。过量食用盐不仅影响菜品口味，而且不利于人体健康。

**(五)食盐的保管和储存**

1.食用盐产品感官应为白色、味咸、无异味，无明显的与盐无关的外来异物颗粒均匀，干燥流动性好。购买时注意观看外包装袋上的各种标志，要规范、齐全，碘盐应贴存防伪碘盐标志。

优质食盐色泽洁白，有光泽，呈透明或半透明状；气味、滋味具有正常纯正的咸味，无苦涩味，无异味；晶粒形态整齐，坚硬光滑，不结块，无返卤吸潮现象，无杂质。

劣质食盐色泽灰暗，呈黄褐色状，透明性低；气味、滋味有苦涩味，有异味；形态为晶体颗粒，不均匀，有结块，有反卤吸潮现象，有杂质。

2.密封保存

碘盐受热、光和风等影响，容易氧化分解而使碘失效，故碘盐应存放在加盖的有色密封容器内。家庭中应把碘盐放入干净的容器内保存。碘盐遇热、受潮、风吹和日晒等均可使碘盐挥发。因此，应将买回的碘盐放入有盖的瓶、罐内，不可开口存放。在炒菜或做汤时，尽量晚放碘盐，以减少碘的挥发。

3.避免高温爆炒

碘盐遇高温会分解成单质碘而挥发掉，故炒菜时不要用盐"爆锅"，应等菜八成熟后再放入盐，这样可减少碘的损失。

普通市面上食用盐是没有保质期的，但添加了碘或锌、硒、钙、核黄素等微量元素的食用盐的保质期为一年。

虽然食盐是每餐必不可少的调味品，但科学用盐，合理地选购和保存盐，也是非常重要的。

### (六)具体品质鉴别方法

**1.食盐的品质鉴别**

食盐的品质鉴别主要从食盐的颜色、外形、气味、滋味等方面进行。优质品:颜色洁白,外形结晶整齐一致,坚硬光滑,呈透明或半透明,不结块,无反卤吸潮现象,无气味,具有纯正的咸味;

次品:颜色灰白色或淡黄色,无杂质晶粒大小不匀,光泽暗淡,无气味或夹杂轻微的异味,有轻微的苦味;

劣质品:暗灰色或黄褐色,有易碎的结块和反卤吸潮现象,有外来杂质,有异臭、苦味、涩味或其他异味。

**2.细盐与粗盐品质区别**

我国食盐按加工法分,有粗盐与细盐(精盐)两种,它们的品质区别如下:

(1)粒形:粗盐是未经加工的大粒盐,形态系颗粒状,形态大;细盐是大粒盐经过加工的盐,形态系片状,形态小。

(2)咸味:粗盐杂质中含有酸性盐类化合物(硫酸镁与氯化镁),这些酸性盐分子水解后,会刺激味觉神经,因而会感到粗盐比细盐的咸味大。

(3)香味:粗盐中的氯化镁在受到热量时,会分解出盐酸气,盐酸气能帮助食物中蛋白质水解成味鲜的氨基酸,刺激嗅觉神经后,会使人感到粗盐比细盐的香味浓。

(4)氯化钠:食盐的主要化学成分是氯化钠。氯化钠能帮助人体起到渗透作用,如食物经过消化变为可溶体后,必须有足够的浓度,才能经过各种细胞渗透到血液中,使其中的养分送到人体各部组织,所以,氯化钠的作用很大。通常粗盐中含氯化钠85%~90%,细盐在96%以上。

(5)可溶物:食盐的主要化学成分,除氯化钠外,还含有水、氯化镁、硫酸镁、氯化钾、硫酸钙、碘等微量化合物,这些化合物是人体必需的物质,在粗盐中存在一定的数量,但是在细盐加工中被清除掉了。

从以上两者比较来看,人们在日常生活中食用粗盐比专食细盐,对身体健康更有好处。

**3.亚硝酸钠与食盐区别**

亚硝酸钠是一种含氮化合物,在医药行业,作为化学试剂来标定配制溶液,测定磺胺类药物,建筑行业,多是在寒冷的天气把它作为防冻剂拌入灰浆中使用。由于亚硝酸钠是一种氧化剂,一旦误食进入人体后,能将血液中具有携氧能力的低铁血红蛋白氧化成为高铁血红蛋白而使其失去携氧能力,从而影响正常带氧的血红蛋白向组织细胞释放氧的能力,出现一系列的毒性反应。为此,对有疑虑的食盐,可用以下方法进行鉴别:

（1）看透明度：亚硝酸钠与食盐都是白色结晶体粉末，无挥发性气味。亚硝酸钠一般是黄色或淡黄色的透明结晶体，而食盐是不透明的。

（2）水试验：取 5 克左右的样品放入瓷碗内，加入 250 克冷水，同时用手搅拌，水温急剧下降的，是亚硝酸钠，因为亚硝酸钠比食盐溶解时吸热快，放热多。

（3）试色变：取 1 个蚕豆粒大小的样品，用大约 20 倍的水使其溶解，然后在溶液内加 1 小米粒大小的高锰酸钾（又名灰锰氧），如果高锰酸钾的颜色由紫变浅，则说明该样品是亚硝酸钠；如果不改变颜色，就是食盐。

## 二、酱油

酱油俗称豉油，主要由大豆、小麦、食盐经过制油、发酵等程序酿制而成的。酱油是中国传统的调味品，用豆、麦、麸皮酿造的液体调味品，色泽呈红褐色状，有独特酱香，滋味鲜美，有助于促进食欲。

酱油是由酱演变而来的早在 3000 多年前，中国周朝就有制做酱的记载了，而中国古代劳动人民发明酱油之酿造纯粹是偶然的发现。中国古代皇帝御用的调味品，最早的酱油是由鲜肉腌制而成，与现今的鱼露制造过程相近，因为风味绝佳渐渐流传到民间。后来发现大豆制成的酱油风味相似且便宜，才广为流传食用，而早期随着佛教僧侣之传播，遍及世界各地，如日本、韩国、东南亚一带。中国酱油之制造，早期是一种家事工艺与秘密，其酿造多由某个师傅把持，其技术往往是由子孙代代相传或由一派的师傅传授下去，形成某一方式之酿造法。

酱油的成分比较复杂，除食盐的成分外，还有多种氨基酸、糖类、有机酸、色素及香料等成分，以咸味为主，亦有鲜味、香味等。它能增加和改善菜肴的味道，还能增添或改变菜肴的色泽。

酱油一般有老抽和生抽两种：老抽较咸，用于提色；生抽较淡，用于提鲜。酱油中甜味主要来自于原料中的淀粉经曲霉淀粉酶水解生成的葡萄糖和麦芽糖；其次是蛋白质水解后所产生的游离氨基酸中呈甜味的甘氨酸、丙氨酸、苏氨酸和脯氨酸等；在发酵过程中，水解生成的甘油微甜。

酱油中的有机酸有二十多种，酱油的酸度以呈弱酸性（含酸 1.5% 左右）时最适宜，可产生爽口的感觉，且能增加酱油的滋味。

酱油的成分中有呈苦味的物质存在，但苦味在酱油合成中被改变了味道，苦味消失。

通常情况下，酱油需与食盐并用，应先调入酱油，待酱油确定后再调入适量的盐，即所谓"先调色，后调味"。

酱油在加热过程中有三个变化：糖分减少，酸度增加，颜色加深。因此，必须把握好用酱油调色的尺度，防止成菜的色泽过深。

### (一)酱油的分类

**1.按照制造工艺分**

主要从发酵方式进行分类。(另外还可以从无盐、低盐、高盐、固稀、温酿、消化等方式加以区别)此处只以业内最普遍的区分方法加以分类。

(1)**低盐固态工艺**:相对高盐稀态工艺,低盐固态发酵采用相对低的盐含量,添加较大比例麸皮、部分稻壳和少量麦粉,形成不具流动性的固态酱醅,以粗盐封池的方式进行发酵,大约经过 21 天保温发酵即可成熟。提取酱油的方式为移池淋油或原池泡淋取油。

**特点**:发酵时间短,酱香浓,色泽深,氨基酸转化率较低。

(2)**浇淋工艺**:以发酵池进行发酵,发酵池设假底,假底以下为滤出的酱汁,经过用泵抽取假底下酱汁,于酱醅表面进行浇淋,实现均匀发酵的目的。是低盐固态酱油的改良工艺,之所以单独区分来讲,是因为其越来越有取代低盐固态酱油的趋势,并且因其较低盐固态工艺原料利用率高、风味好、改造投资小的优势而为多数生产企业所接受。

(3)**高盐稀态工艺**:以豆粕和小麦为原料,经原料处理、豆粕高压蒸煮、小麦焙炒、混合制曲发酵、压榨取汁的一种发酵工艺。

根据发酵过程又可分为"广式高盐稀态"和"日式高盐稀态"。

广式高盐稀态与日式高盐稀态的区别在于所采用的发酵方式不一样。广式高盐稀态采用常温发酵,自然晒制,风味一般,颜色较好,但受发酵设备及天气影响较大。其中以香港传统酱园及海天为代表,多以生产上色酱油产品为主。日式高盐稀态采用保温、密闭、低温发酵,发酵周期较长,颜色较淡,风味香浓,一般以制作生抽、味极鲜等较合适,在添加焦糖色素后的老抽产品不但颜色好,风味也很突出。

**特点**:原料采用高蛋白豆粕和北方硬质小麦;采用稀醪发酵和压榨取汁工艺。原料利用率高,风味好,但发酵时间长,一次性投资大。

**2.按国标的分类**

因为国内没有有效手段来区分酿造酱油还是配制酱油,市场上基本没有配制酱油的身影。只要合法使用食品添加剂,不管是酿造酱油还是配制酱油,都是完全可以放心食用的。

**3.按照颜色分**

(1)生抽酱油

颜色:生抽酱油颜色比较淡,呈红褐色状。

味道:生抽酱油吃到嘴里后,有一种鲜美的微甜的味感。

用途:生抽酱油用来调味,因颜色淡,故做一般的炒菜或者凉菜的时候用得多。

（2）老抽酱油

颜色：老抽酱油是加入了焦糖色、颜色很深，呈棕褐色有光泽的。

味道：老抽酱油一般是用来烹调用的，老抽吃起来味道比较咸。

用途：一般用来给食品着色用。比如做红烧等需要上色的菜时使用比较好。

4.按照等级分

酱油的鲜味和营养价值取决于氨基酸态氮含量的高低。一般来说氨基酸态氮越高，酱油的等级就越高，也就是说品质越好。按照我国酿造酱油的标准，氨基酸态氮大于等于 0.8 克/100 毫升为特级；大于等于 0.7 克/100 毫升为一级；大于等于 0.55 克/100 毫升为二级；大于等于 0.4 克/100 毫升为三级。

氨基酸态氮的高低代表着酱油的鲜味程度，其作为酱油等级衡量的标准具有很大的意义，所以大多数企业都在不断地提升公司的配制技术和研发技术，已达到高氨基酸态氮的高标准，从而实现更高的商业价值。

5.按生产方法分

包括酿造酱油和配制酱油。

酿造酱油是指纯酿造工艺生产的酱油，不得添加酸水解植物蛋白调味液；配制酱油是以酿造酱油为主体，添加酸水解植物蛋白调味液等添加剂配制而成的酱油。配制酱油一般来说鲜味较好，但酱香、酯香不及酿造酱油。

6.根据其所用的原料及生产方法的不同，酱油可分为天然酱油、化学酱油和固体酱油三种。

（1）天然酱油：就是俗称的红酱油，是以豆饼、麸皮、食盐、水等为原料，经蒸制、制曲、制酱醅、滤汁液等过程，利用微生物自然发酵酿制而成。味厚鲜美，风味独特，营养丰富。

（2）化学酱油：是以豆饼、食盐、水等为原料，再用盐酸将豆饼中的蛋白质水解，然后用纯碱中和，经煮焖加盐水，再压榨过滤取得汁液、加入酱色制成。味道鲜美，但缺乏香味。

（3）固体酱油：是以液态酱油、糖及其他调味原料为原料经浓缩制成。其品种随原料的不同而有差异。固体酱油风味独特，使用方便，营养丰富，便于保管，是较好的调味品。使用时，将固体酱油用 5～6 倍的开水溶解后即可使用，也可在烹调时直接放入菜肴中。

目前，为了满足对风味的要求和特殊人群的需要，还生产出了复合酱油和无盐酱油。复合酱油是以酱油为主要原料，配兑各种调味料复制而成。具有多种风味，主要品种如味精酱油、虾子酱油、口蘑酱油、辣酱油等。无盐酱油即不含食盐的酱油，是专供食用低盐饮食的病人所需的调味品。制作时虽不加入食盐，但加入了一定量的氯化钾、氯化铵等盐类，故有一定的咸味。有的无盐酱油还加入茴香、八角、味精、砂糖等，具有一定的芳香味。

### (二)酱油的种类

1.生抽：生抽的"抽"字意为提取，以黄豆、小麦、盐等为主要原料，经预处理、制曲、发酵、浸出淋油及加热配制而成。生抽呈红褐色状，味道咸鲜，豉香浓郁，因颜色淡，所以多用来调味，是家常炒菜或凉拌菜的好搭档。生抽较咸，用于提鲜调味，生抽的鲜味比酱油更好，但是生抽的颜色也更淡一点，生抽一般做凉拌菜和热菜调味提鲜，大多时候还会搭配酱油同时使用，比如红烧类的菜肴，酱焖一类的菜肴。

2.老抽：老抽是生抽的"升华版"，在生抽的基础上加入焦糖，经特殊工艺制成的浓色酱油。呈棕褐色状，颜色较深，可给肉类食物增色。是各种浓香菜肴上色入味的理想帮手。

老抽味道咸中带微甜，风味浓厚，尤其是做红烧菜肴或焖煮、卤味时，适当加入老抽，可上色提鲜。需要注意的是，做菜时，要让菜肴显得好看，需早点放入老抽，但又不能太早，否则会降低老抽的营养价值，要把握住"度"。

3.普通酱油：普通酱油与生抽的酿造工艺类似，是北方大部分地区的常备酱油种类。因北方人口味较重，所以普通酱油比生抽颜色重，味道更咸，酱香味也更浓郁。但与老抽相比又稍逊一筹，因此普通酱油是介于老抽和生抽之间的一种综合性酱油。适用于烧、炖、炒各种北方菜肴。

4.蒸鱼豉油：蒸鱼豉油是通常用来蒸鱼用的一种豉油。以生抽为原料，再加入老抽、冰糖、花雕酒等多种调味鲜料熬煮而成，因此味道要比普通生抽味道鲜美回甜，更适合搭配海鲜、河鲜类清淡菜肴及广东的肠粉，起到良好的提鲜效果。

蒸鱼豉油其实也是酱油，原来厨师做菜都是自己熬制豉油，这些年才有很多成品酱油的出现，因为味道还不错，成本更低，就代替了人工熬制。现在很少有厨师再自己熬制了，蒸鱼豉油主要用于清蒸类菜肴，如清蒸鲈鱼、剁椒鱼头等菜品，主要突出咸、香、鲜、甜复合味道，市场上牌子有很多。

5.酱油膏：酱油膏选用普通酿造酱油，加入盐、黄砂糖、胡椒粉等调味料，经晒炼加工制成。因其中含有一定量的淀粉质配料，所以浓稠如膏，颜色多为棕黑色，与蚝油类似。适用于红烧、拌炒类菜肴，还可直接搭配食物作为蘸汁食用。

6.日本酱油：日本酱油多以大豆及小麦直接发酵酿造而成，其中不含有焦糖等添加剂成分，但却含有少量酒精，因此口味独特。与普通酱油相比，味道差别较大，是具有"异国风情"菜品的最佳"搭档"，如韩国的紫菜包饭、石锅拌饭等。

7.辣酱油：也叫辣醋酱油、英国黑醋或伍斯特沙司，是一种英国的调味料，辣酱油使用起来味道酸甜微辣，色泽黑褐。辣酱油不仅有酱油的香味，还有特殊的辛辣味。

是由很多的蔬菜等香料和调味料熬煮制成的。辣酱油多用于吃西餐、拌凉菜，还可以佐蘸饺子，是南方人爱食用的调味品，北方则很少有。

8.辣鲜露：主要特点是鲜辣味道，可以很好地帮助菜肴提升菜香味和鲜辣的口感，鲜辣味道比较浓郁，热菜、凉菜都会用到。多用于鲜椒类菜肴，如辣椒炒肉、酸辣拌木耳等菜品。

9.味极鲜：按照名字理解就是比酱油、生抽更鲜，一般代替生抽使用，或者混合使用，用法、用途和生抽一样。

10.鱼露：又称鱼酱油，是一种广东、福建等地常见的调味品，能够延续至今，与其独特的风味密不可分，主要包括鲜味和咸味。是闽菜、潮州菜和东南亚料理中常用的水产调味品，是用小鱼虾为原料。经腌制、发酵、熬炼后得到的一种味道极为鲜美的汁液，色泽呈琥珀色，味道带有咸味和鲜味。鱼露原产自福建和广东潮汕等地，由早期华侨传到越南以及其他东亚国家，如今21世纪欧洲也有逐渐流行。鱼露的鲜味成分主要有肌苷酸钠、鸟苷酸钠、谷氨酸钠以及琥珀酸钠，咸味主要以氯化钠为主。但是，鱼露的独特风味不仅仅是由这些物质的简单组合形成的，它是由水产原料发酵而来的复杂呈味体系共同赋予的。鱼露主要包括以下物质：氨基酸、肽、有机酸、核酸关联物、挥发性酸、挥发性含氮化合物。

11.甜油：甜油酿法是在每年春天取小麦熟面块遮光高温发酵，待面块生出乳黄色菌性线绒，将其从室内搬出在通风处晾干，放入露天大缸内加水浸泡。白天阳光暴晒、夜晚月照晨露。立秋之后，从缸中的滤筒内取出的杏黄色液体叫甜油。甜油酱香浓郁，色泽清澈，鲜美爽口，体态浓厚，集鲜、甜、浓、香于一体。

除了传统的生抽、老抽，还有诸如海鲜酱油、增鲜酱油、菌菇酱油、儿童酱油等等，实际上多添加了一些食品添加剂。很多人认为，海鲜酱油营养更好、味道更鲜。其实，大部分海鲜酱油中都没有所谓的海鲜成分，即使有，也只是一些干贝成分。真正起到提鲜调味作用的是一些琥珀酸二钠等食品添加剂。

总之，各种口味的酱油层出不穷，但其本质都没有改变，只不过添加了更多的鲜味物质。

### (三)酱油的烹饪应用

酱油的呈味以咸味为主，也有鲜味、香味等。在烹调中具有为菜肴确定咸味、增加鲜味的作用；还可增色、增香、去腥解腻。多用于冷菜调味和烧、烩菜品之中。由于酱油在加热中会发生增色反应，因此，长时间加热的菜肴不宜使用酱油，而可采用糖色等增色。此外，还需注意菜品色泽与咸度的关系，一般色深、汁浓、味鲜的酱油用于红烧、酱、卤等色浓菜肴和上色菜；色浅、汁清、味醇的酱油多用于冷菜或色泽较淡的热菜。

酱油是烹调中的必备之物，我们在炒、煎、蒸、煮或凉拌配料时，按需要加入适量的酱油，就会使菜肴色泽诱人，香气扑鼻，味道鲜美。这是因为，酱油是一种色、香、味调和而又营养丰富的调料。

(1)增色作用。深色酱油在烹调中主要用于增加色彩，如红烧菜、酱、卤等菜肴的着色作用。深色酱油色素的来源，除了添加焦糖色素外，主要是黄豆在酿造过程中所产生的氨基酸和糖类发生美拉德反应产生的黑色素，所含的棕红色素趁加热的机会与小粉粒混匀后给菜肴上色，使成品显出红亮的色泽。

(2)定味作用。酱油是咸的，能起到定成味、增鲜味的作用。酱油的鲜味是在酿造过程中由于酶的作用，将原料中的蛋白质逐渐分解成氨基酸和核酸类的钠盐，这些成分尤其是谷氨酸钠盐和肌苷酸具有较浓的鲜味。酱油中氨基酸的含量多达17种，此外还含有各种B族维生素和安全无毒的棕红色素，酱油中还含有一定量的糖、酸、醇、酚、酯等多种复杂的香气成分。在煎、炒、蒸、煮菜肴时，加入适量酱油后，酱油中的氨基酸在烹调过程中与食盐作用而生成氨基酸钠盐（即味精）以及在加热过程中发生化学反应而生成氨基酸的衍生物。这样就使菜肴增加了独特的鲜美味道。

(3)添香作用。酿造酱油时所产生的氨基酸和糖类除产生黑色素外，还分解生成许多具有香味的物质。在烹调过程中，酱油中含有的糖类与不同食材中的蛋白质氨基酸发生分解作用，生成各种挥发性香味物质，而产生一种诱人的香气。

(4)除腥解腻作用。用酱油对原料码味或一起烹调，可以起到除腥解腻作用。因为酱油中还含有少量的各种有机酸如醋酸、琥珀酸、醇等成分，在烹调加热过程中可与原料中所含的腥味物质发生作用。

**(四)酱油的选择和储存**

酱油是中餐烹调的主要调味料，正常的酱油具有鲜艳的红褐色，体态澄清，无悬浮物及沉淀。为有效防止酱油发霉长白膜，可以采用往酱油中滴几滴食油、放几瓣去皮大蒜或滴几滴白酒等方法。

另外，摇动时会起很多泡沫，并不易散去，但酱油仍澄清、无沉淀、无浮膜、比较黏稠。优质酱油应具有浓郁的酱香和酯香味，味道鲜美、醇厚、咸淡适口，无异味。选择时应注意以下几个方面。

1.先看标签

从酱油的原料表中可以看出其原料是大豆还是脱脂大豆，是小麦还是麸皮。看清标签上标注的是酿造还是配制酱油。

如果是酿造酱油应看清标注的是采用传统工艺酿造的高盐稀态酱油，还是采用低盐固态发酵的速酿酱油。

酿造酱油通过看其氨基酸态氮的含量可区别其等级，克/100毫升含量越高，品质越好（氨基酸态氮含量≥0.8克/100毫升为特级，≥0.4克/100毫升为三级，两者之间为一级或二级）。

**2.看清用途**

酱油上应标注供佐餐用或供烹调用，两者的卫生指标是不同的，所含菌落指数也不同。供佐餐用的可直接入口，卫生指标较好，如果是供烹调用的则千万别用于拌凉菜。

**3.闻香气**

传统工艺生产的酱油有一种独有的酯香气，香气丰富纯正。如果闻到的味道呈酸臭味、煳味、异味都是不正常的。

**4.看颜色**

正常的酱油色应为红褐色，品质好的颜色会稍深一些，但如果酱油颜色太深了，则表明其中添加了焦糖色，香气、滋味相比会差一些，这类酱油仅仅适合红烧用。

酱油配兑时添加水解蛋白质、谷氨酸、核苷酸等，这样做虽然可以增鲜，但对人体健康不利。价格越高代表酱油等级越高，其实并不尽然。现在市场上的酱油有特级、一级、二级、三级之分。国家也有明确规定，在酱油的外包装上必须标明质量等级和氨基酸含量。有的消费者在选购酱油时往往忽略这一点，而去追求包装精美、价格偏高的酱油。

### 三、酱类

酱是我国传统的调味品，是以豆类、谷类为主要原料，以米曲霉为主要的发酵菌，经发酵制成的糊状调味品。除具有咸味外，还具有独特的酱香味、鲜甜味和特殊的酱色。中国是酱料大国，名目繁多的酱料产品在烹饪中得到了广泛运用。

酱的酿造最早是在西汉。西汉汉元帝时代的史游在《急就篇》中就记载有"芜荑盐豉醯酢酱"。唐·颜氏注："酱，以豆合面而为之也，以肉曰醢，以骨为肉，酱之为言将也，食之有酱。"从古人的记载和注解中可以看出，豆酱是以大豆和面粉为原料酿造而成。为何汉代人只用大豆混配面粉作豆酱，而不用其他植物作原料呢？这是因为，大豆蛋白质，面粉含淀粉较多。蛋白和淀粉同时存在，更适宜多种有益霉菌的繁殖，菌体大量产生各种酶，使原料中的各种营养成分充分分解而生成了风味独特的豆酱。因此，汉代人以大豆和面粉作豆酱之原料是有科学道理的。现原酱分豆酱和甜面酱两大类，以小麦粉做成的称甜面酱；以黄豆、蚕豆等制成的称豆酱。

在烹调中，酱类可改善原料的色泽和口味，增加菜肴的酱香风味，并具有解腻的作用。酱在使用时要准确掌握用量，以防酱味掩盖原料本味。调味前若酱过稠，需用少量水或油稀释，并用小火温油炒香。保管时要注意防霉、防高温，必要时可以用植物油隔绝空气。烹调中常用的酱类品种如豆酱、甜面酱、豆瓣酱三种。

### 1.豆酱

豆酱又称大豆酱、黄酱、大酱，是以黄豆、面粉、食盐为原料，经发酵制成的酱类调味品。成品呈红褐色或棕褐色，鲜艳有光泽，有酱香味和酯香味，味鲜而醇厚。主要用于酱烧菜、酱肉馅等，还可作为佐餐的蘸料。浓郁酱香，原粒黄豆，粒粒看得见，软硬适中，入口即溶，用于蒸、炒、焖、蘸、拌等。

豆瓣酱主要材料有蚕豆、黄豆等，辅料有辣椒、香油、食盐等。豆瓣酱属于发酵红褐色调味料。根据消费者的习惯不同，在生产豆瓣酱中配制了香油、豆油、味精、辣椒等原料，而增加了豆瓣酱的品种，深受人们喜爱。

豆酱的选择主要需要注意以下几个方面：

(1)色泽：优质酱类呈红褐色、棕红色或黄色，油润发亮，鲜艳而有光泽；劣质酱类则色泽灰暗，无光泽。

(2)气味：取少量样品直接嗅其气味，或稍加热后再嗅闻。优质酱类具有酱香和酯香，无异味；劣质酱类则香气不浓，甚至有酸败味或霉味。

(3)口味：优质酱类滋味鲜美，入口酥软，咸淡适口，有豆酱或面酱独特的风味；劣质酱类则有苦味、涩味、焦煳味和酸味。

(4)体态：体态在光线明亮处观察。优质酱类黏稠适度，不干，无霉花、杂质；劣质酱类则过干或过稀，往往有霉花、杂质等。

### 2.面酱

面酱，也称甜酱、甜面酱、甜味酱，是以面粉为主要原料，以曲霉为发酵菌，经发酵制成的酱类调味品。成品红褐色或黄褐色，酱香浓郁，味咸鲜而甜，呈黏稠状半流体。在烹调中，面酱常用于酱爆、酱炒、酱烧类菜肴的制作，如酱爆鸡丁、京酱肉丝、酱焖肘子等；也用于食用北京烤鸭、香酥鸭、炸里脊、叉烧肉等味碟的制作；还可作为馅心、面码的调料，如酱肉包子、炸酱面。此外，也用于酱菜、酱肉的腌制和酱卤制品的加工，如京酱肉丝、酱牛肉等。

面酱产于北方。先用水和面，不经发酵即上笼蒸熟，再经伏天日晒加温发酵，秋冬就能吃，酱香味美。陈年老酱的做法与甜酱做法略有不同：起初也是先将面用水和好，待其发酵上笼屉蒸熟，然后再用日光照射升温发酵，经过三个伏天才成为产品，待大部分水分被蒸发以后用勺子舀起来能拉成细丝，盛到缸内浮而不流，缸内面酱的表面像漂浮着一层黑色的油绸，红中透黄，味美而富有营养，含有蔗糖的甜味和香油的香味，富含氨基酸等营养物质。

意大利面酱分为红酱、青酱、白酱和黑酱。红酱主要是以番茄为主制成的酱汁，最为常见，是很多口味的基础；青酱是以罗勒、松子粒、橄榄油等制成的酱汁，其口味较为特殊与浓郁，除了配意面也可配法棍吃；白酱是以无盐奶油为主制成的酱汁，主要用于焗面、千层面及海鲜类的意大利面；黑酱是以墨鱼汁制成的酱汁，主要用于墨鱼等海鲜意大利面。

甜面酱在烹饪中的应用有以下几个方面。

(1)炒菜时调味

当生活中我们在烹调一些菜肴的时候，可以放入一些甜面酱，这样会让味道更加的鲜美，比如炒莴苣、芹菜等时，可以放一点儿甜面酱来增加香味。

(2)蘸生菜吃

大葱、苦菜、生菜等蘸着甜面酱吃，是非常美味的佳肴。

(3)做炸酱用

炸酱面以其非常具有特色的口感相当受欢迎，要知道炸酱面好吃，最关键的原因就在于炸酱，而炸酱就是用甜面酱做成的。

(4)包包子调馅用

做韭菜肉包子、冬瓜包子时，都很适合放甜面酱。

(5)炖肉着色用

甜面酱也有上色的作用，可以使炖出的肉颜色更鲜艳，味道更浓香。

甜面酱不宜直接放入菜肴中使用，也不宜兑汁使用。正确方法是：先用油、盐等调味品将甜面酱炒熟炒透，除去部分水分，使其淡而不黏，咸中带甜，然后再放入菜肴烹制，这样成菜才有浓郁的酱味，色泽红褐、艳丽而富有光泽。

3.复合酱制品

复合酱制品又称复制酱，是以豆酱、面酱、蚕豆酱、虾酱、酱油、咸蒜肉、食盐、芝麻、花生等为主要原料，再加多种调味品复制而成的具有多种风味的酱类调味品。主要品种有芝麻辣酱、花生酱、海鲜酱等。在烹调应用中，可作为烧、卤、拌类菜肴的调味料，也可作为蘸料、涂抹食品直接食用。

酱品的种类很多，不同的酱品口味不同。

## 四、豆豉

豆豉，古代称为"幽菽"，也叫"嗜"，是中国传统特色发酵豆制品调味料。最早的记载见于汉代刘熙《释名·释饮食》一书中，誉豆豉为"五味调和，需之而成"。公元2~5世纪的《食经》一书中还有"作豉法"的记载。古人不但把豆豉用于调味，而且用于入药，对它极为看重。《汉书》《史记》《齐民要术》《本草纲目》都有此记载，其制作历史可以追溯到先秦时期。

豆豉以黑豆或黄豆为主要原料，把黄豆或黑豆泡透蒸熟或煮熟，利用毛霉、曲霉或者细菌蛋白酶的作用，分解大豆蛋白质，达到一定程度时，加盐、酒、干燥等方法，抑制酶的活力，延缓发酵过程而制成。可以调味，也可入药。

据记载，豆豉的生产，最早是由江西泰和县流传开来的，后经不断发展和提高传到海外。日本人曾经称豆豉为"纳豉",后来专指日本发明的糖纳豆。东南亚各国也普遍食用豆豉,欧美则不太流行。豆豉的种类较多,按加工原料分为黑豆豉和黄豆豉,按口味可分为咸豆豉、淡豆豉、干豆豉和水豆豉。

豆豉是以整粒大豆为主要原料,经曲霉发酵后制成的颗粒状咸味调味品,为我国传统的调味料之一。生产于长江流域及以南地区,以江西、湖南、四川、广西等地所产为佳。

**(一)豆豉的分类**

1.豆豉按风味可分为:咸豆豉、淡豆豉、甜豆豉、臭豆豉等;

2.按形态可分为:干豆豉、湿豆豉、水豆豉等;

3.按制作中是否添加辣椒可分为:辣豆豉和无辣豆豉。

**(二)豆豉在烹饪中的作用**

豆豉成品色泽多为棕黑色或黄褐色,具有浓郁的醇香和鲜甜味。在烹调中,豆豉具有提鲜增香、除异解腻、配形赋色的作用。适用于多种蒸、炒、烧、拌类菜肴;是"豉汁味"的主要调味料;也可单独炒、蒸后佐餐食用。如制作潮州豆豉鸡、豆豉牛肉、豉汁蒸排骨、豆豉鱼、回锅肉、拌兔丁、川北黄凉粉等菜品时均需使用。

1.拌上香油等佐料做小菜;

2.豆豉炒菜,香味十足,最著名的就是"豆豉鲮鱼";

3.蒸豆豉,特别鲜。比如"豆豉蒸扇贝":扇贝洗净腌好后,将豆豉和蒜蓉涂抹在扇贝上,蒸5～7分钟即可;

4.调制成豉汁。将豆豉、酱油等调料下锅烹制,最后放入水和淀粉勾芡,就成了风味独特的豉汁酱了。

**(三)豆豉的选择**

1.色泽:黑褐色、油润光亮。

2.香气:酱香、酯香浓郁无不良气味。

3.滋味:鲜美、咸淡可口,无苦涩味。

4.体态:颗粒完整、松散、质地较硬。

豆豉在使用时要注意用量,防止压抑主味;还需根据菜品的要求正确选择使用颗粒或是蓉泥形式。另外,在贮藏时要防止霉变,尤其是含盐量较低的淡豆豉更应注意。

比较有名的豆豉有:江西湖口豆豉、江西南昌葡萄豆豉、江西上饶豆豉果、贵州"老干妈"风味豆豉、云南双柏的妥甸豆豉、广东阳江豆豉、广东罗定豆豉、开封西瓜豆豉、广西黄姚豆豉、山东八宝豆豉、四川潼川豆豉和重庆永川豆豉、湖南浏阳豆豉等、陕西汉中香辣豆豉和风干豆豉等。

# 第二节　甜味调味品

甜味是除咸味外可单独成味的基本味之一。呈现甜味的物质有许多,如单糖、双糖、低聚糖、糖醇、某些氨基酸(如甘氨酸)、人工合成的物质(如糖精)等。此外,某些植物中还含有天然的甜味物质如甘草糖、甜叶菊糖等。

甜味原料种类较多。按其来源可分为:天然甜味原料和人工合成甜味原料;按其营养价值分为:营养性甜味原料和非营养性甜味原料;按其化学结构和性质分为:糖类和非糖类甜味原料。

甜味调味品的甜度与呈甜物质有关。衡量甜度时一般以蔗糖为标准。若将蔗糖的甜度设为1,则乳糖为0.4,麦芽糖为0.5,葡萄糖为0.7,果糖为1.5,糖精为300～500。令人感到愉悦的糖浓度为10%～25%,过高则会产生不快。另外,甜度的强弱与温度有关,若温度高,则甜度大,反之亦然。

甜味调味品在烹饪中具有重要的作用。在烹调中,可作为甜味剂单独用于制作甜菜、甜羹、甜馅等;可参与其他多种复合味型的调制,如糖醋味、家常味、鱼香味等;利用某些甜味调味品如蔗糖在不同温度下的变化,还可增加菜点的光泽和色泽。此外,甜味调味品之间具有相互增加甜度的作用,并可降低酸味、苦味和咸味。

各种甜味调味品混合,有互相提高甜度的作用;而且适当加入甜味调味品可降低酸味、苦味和咸味。甜味的强弱也与甜味剂所处的温度有很大关系,如温度高,甜味强。另外,改变温度可使甜味剂的物理性状改变出现黏稠光亮的液体,甚至于焦糖化,用于增加菜肴的光泽和着色。

在食品工业和烹调中常用的甜味调味品有食糖、糖浆、蜂蜜、糖精等。

## 一、食糖

食糖是从甘蔗、甜菜等植物中提取的一种甜味调料,其主要成分是蔗糖。我国最早提取蔗糖是在汉代,人们把甘蔗汁经过太阳蒸发,制成糖块,称为"石密",宋代还出现了我国最早的制糖专著《糖霜谱》。我国甜菜制糖起步较晚,直到20世纪才出现甜菜糖。

### (一)食糖的分类

1.按国家生产许可证发放要求分为:

白砂糖、绵白糖、赤砂糖、多晶体冰糖、单晶体冰糖、方糖、冰片糖、黄砂糖(广东)、加工红糖(浙江)。

2.按日常生产习惯食用糖分为:

原糖、白砂糖、绵白糖、赤砂糖、黄砂糖、红糖粉、块红糖(包括砖糖、碗糖、元宝糖等)、人造红糖、多晶体冰糖、单晶体冰糖、冰片糖、方糖、保健红糖、保健冰糖、糖粉等。

3.根据外形、色泽及加工方法的差异分为:

白砂糖、绵白糖、冰糖、红糖、赤砂糖等。

### (二)食糖的种类

1.原糖:利用甘蔗、甜菜榨糖取汁,经过简单的过滤、澄清,通过沸腾浓缩、中心分离形成糖结晶,呈浅棕色,有时略带糖蜜或水,是国际贸易中最主要的食糖产品。原糖只作为食糖精加工的原料使用,不可直接添加到食品中或直接食用。

2.白砂糖:红糖经过重新溶解、加热,并添加适当的骨炭吸附里面的杂质,然后冷却形成过饱和溶液,蔗糖分子重新进行结晶、析出,从而形成了白砂糖。白砂糖是食糖中的精纯品种,含蔗糖量最高,含水分最少,而且色泽好,无杂味,一般在食品工业中使用最广。白砂糖颗粒最粗,均匀,颜色洁白,甜味纯正,溶解慢,易结晶,甜度稍小于红糖。在烹调时多用于烧、炒类的热制菜肴、糖色的炒制等,挂霜菜肴的用糖以白砂糖为佳,而在冷菜尤其是作蘸食的调料时不宜使用。

3.绵白糖:又称为细白糖、面糖,是以甜菜为原料制成的,为粉末状,甜度与白砂糖接近。在生产过程中,还加入了2.5%的转化糖浆。它晶粒细小、均匀,颜色洁白,质地绵软、细腻,纯度低于白砂糖。因绵白糖含较多的还原糖,故甜度高于白砂糖。绵白糖晶粒细小,入口即化,宜用于凉拌菜或蘸食。因其中含有少量转化糖,结晶不易析出,比白砂糖更适合于制作拔丝菜。按加工方法的不同,分为精制和土制两种。精制绵白糖色泽洁白,晶体软细,质量较好;土制绵白糖色泽微黄发暗,质量较差。绵白糖的溶解性高,适合味碟的调制、面团的赋甜等。

4.赤砂糖:又称红砂糖、赤糖。此糖在制作时未经洗蜜工艺,表面附着糖蜜,还原糖含量高,同时含有非糖成分。传统的中医认为,赤砂糖营养丰富,是孕妇的传统营养品。赤砂糖的颜色较深,呈赤红、赤褐或黄褐色,晶粒连在一起,有糖蜜和甘蔗香味。赤砂糖不耐储存,旱季易结块,雨季易溶化。在烹调中适于红烧类菜肴,可产生较好的色泽和香气。是目前市场上主要的红糖产品。主要成分是蔗糖,另外含有一定量的葡萄糖、果糖、糖蜜、微量元素、维生素等营养成分。

5.黄砂糖:也叫金砂糖,目前主要在广东、中国香港等地生产销售。是含有一定营养成分的不带蜜的砂糖。色泽呈淡黄色。其生产工艺与白砂糖类似,但在生产过程中并不完全过滤里边的营养物质,所以它保存了部分甘蔗香味和营养,并且保留了很多天然矿物质。

6.土红糖：又称为老红糖、粗糖，是最古老的和富有国产特色的品种。是以甘蔗为原料，经土法制取的食糖。按外观不同分为红糖粉、片糖、条糖、碗糖、糖砖等。土红糖纯度较低，其中水分、还原糖、非糖杂质含量较高，颜色深，结晶粒小，易吸湿溶化，稍有甘蔗的清香气和蜜糖的焦甜味，人们美其名曰"桂花味"。土红糖有多种颜色，以色泽红艳者质量较好，烹调中使用较少，常用于复制酱油、卤汁等色深复合调味料的制作，或制作色泽较深的甜味菜点，并且是民间制作滋补食物的常用甜味料。

7.冰糖：一种纯度较高的大晶体蔗糖，是白砂糖的再制品。白砂糖经加水后重新溶解，并添加适量蛋清，经加热、过滤、熬制、浓缩结晶 7 天、干燥后成为冰糖。冰糖块状晶莹，很像冰块，所以称为冰糖。冰糖按颜色可分为白冰、黄冰、红冰三种，以白冰透明度为最高。根据形状、加工方法的不同，分为多晶体冰糖和单晶体冰糖。按结晶形状分为纹冰、车冰、片冰、统冰、冰角、冰屑等，其中纹冰为最好。单晶体冰糖颗粒均匀，甜味纯正，纯度高，为每粒有 12 个面的单斜晶体。冰糖在烹调中多用于制作甜菜或拔丝菜。也常用于药膳的制作、药酒的浸泡，也可用于馅心的制作。

多晶体冰糖：又称为老冰糖、土冰糖、块冰糖等。是用传统工艺生产而成的不规则晶体状冰糖。根据生产工艺的不同，又分为吊线法冰糖（成品分为冰柱和冰边，会有棉线、纸片等杂质）和盆晶法（全部冰糖均沿结晶盆结晶，成品较纯净）。按颜色不同分为白冰糖、黄冰糖、琥珀冰糖（灰色）。这种冰糖具有中医所说的冰糖药用功效。

单晶体冰糖：呈规则的透明晶体状。是 20 世纪 60 年代出品的新型冰糖。其生产工艺为：将白砂糖放入适量水加热溶解，过滤后盛入结晶罐，使糖液达到过饱和，投入晶种进行养晶，待晶粒养大后取出进行脱蜜及离心甩干，经通风干燥，过筛，分档而成。单晶体冰糖不具备中医所说的冰糖药用功效。

冰片糖：冰片糖是华南地区广州、港澳、珠江三角洲、粤西和广西一带粤语流行区产量较大，销路较广，而又深受人们喜爱的一种糖品。把制冰糖时剩下的结晶母液（废蜜）加热浓缩，再加入酸液，使其部分转化为单糖利于以后成型。浓缩后的糖液经搅拌、落网、划线、冷却、离网、分片、分类等工序生产而成。色泽金黄和明净，表面富有蜡状光泽，截面均匀地分在上中下三层，其中上下两层是组织较密实的结块，中间一层是粒度较小的蔗糖结晶组成的"砂线"。

8.方糖：方糖亦称半方糖，为优质白砂糖的再制品，甜味纯正，是未经干燥的优质白砂糖用水湿润，再用压制机压成的糖。方糖有整方、半方两种，以颜色洁白、砂面平整、正方形六面体、无缺口破损者为佳。方糖溶解快，携带方便，多用于喝牛奶、咖啡时调味。

9.块糖:块糖是传统的红糖,根据生产时所用模具的不同,一般分为片糖、砖糖(正方体)、碗糖、元宝糖、篓子糖等。其生产工艺为甘蔗榨汁、浓缩、冷却结晶而成。

10.加工红糖:又称为人造红糖,是指以冰糖生产过程中产生的废蜜为原料,经过浓缩、冷却、粉碎(冷却过程中不停地搅拌)而成。含有较多的还原糖,但并没有红糖的香味和营养,是一种营养价值较低的糖。

11.保健红糖:在传统红糖的基础上通过添加一些具有保健功效的食物,从而成为具有保健性质的红糖,是红糖发展的新趋势。这类产品最早出现在日本,比较常见的是添加人参、三七等中草药,通过与红糖的合理配制,增加红糖的保健功效,成为新一代保健红糖。目前国内常见的保健红糖包括姜汁红糖、益母红糖、产妇红糖、阿胶红糖、玫瑰红糖、女生红糖、枣姜红糖、大枣红糖、枸杞红糖、桂圆红糖等。生产工艺主要分为简单混合型和高温熬制型两大类。

12.保健冰糖:在传统多晶体冰糖生产过程中,通过添加一些具有保健功能的辅料成分,从而生产出具有保健功能的新型冰糖。目前比较常见的保健冰糖包括梨汁冰糖、菊花冰糖、百合冰糖、绿茶冰糖等。生产工艺的关键点在于以辅料的汁液、水煮液等代替冰糖生产过程中的水分,其有效成分和冰糖一起结晶。

13.糖粉:糖粉为洁白的粉末状糖类,颗粒非常细。按原料不同分为白砂糖粉和冰糖粉,前者主要用于西餐的烹饪,后者主要用于高档饮料的甜味剂。按生产工艺不同分为喷雾干燥法和直接粉碎法两种。传统的糖粉在保存过程中会添加3%～10%左右的淀粉混合物(一般为玉米粉),有防潮及防止糖粒纠结的作用。

如果比较各种食糖的甜度和口感,结果会发现:纯度高的白糖反而不及红糖甜。不过,白糖的甜味比较纯正。一般而言,白糖、黄糖适合加在咖啡或红茶中调味,黄糖也常被用于烹调菜肴时调味。红糖有特殊的糖蜜味,适于煮红豆汤、制作豆沙、蒸甜年糕等。冰糖的口感更清甜,多用于制作烧、煨类菜肴和羹汤,如冰糖银耳、冰糖肘子、冰糖兔块等。冰糖除了使菜肴具有特殊风味外,还能增加菜肴的光泽。冰糖性温,有止咳化痰的功效,广泛用于食品和医药行业生产的高档补品和保健品。

### (三)食糖的烹饪运用

食糖在烹调过程中具有重要的作用。

1.食糖在烹饪中主要用作菜肴的调味品,也是制作糕点、小吃的重要甜味原料,炒菜时不小心把盐放多了,加入适量白糖,就可解咸,具有和味的作用。

2.可制成糖色,以增加菜肴颜色。食糖用在红烧菜肴中,可使菜的汤汁黏稠、有光泽。

3.在腌制品中可减轻加盐脱水所致的老韧,保持肉类制品的软嫩,如制作香肠、香肚时加入适量的食糖可增加制品的保水能力,提高嫩度。

4.利用食糖在不同温度和不同 pH 值时的变化,可制作挂霜类、拔丝类、琉璃类以及亮浆类菜点;可利用食糖在高温下的焦糖化反应制作糖色。

5.在发酵面团中加入适量食糖可促进发酵,产生良好的发酵效果;还可利用糖腌、糖渍的方法制作果脯、蜜饯等。

6.利用高浓度的糖溶液对微生物的抑制和致死作用,可用糖渍的方法保存原料。

**(四)食糖的选择**

人们最常吃的还是白糖,但在运输、贮存过程中,白糖容易受病原微生物污染,尤其是容易被螨虫污染。如果螨虫进入消化道寄生,会引起不同程度的腹痛、腹泻等症状,医学上称之为"肠螨病"。如果螨虫浸入泌尿系统,还可能引起尿频、尿急、尿痛等症状。直接做凉拌菜用的糖,给婴幼儿或老年人食用的糖更需要特别注意。建议最好将添加白糖的食物加热处理。加热到 70 摄氏度,只需 3 分钟螨虫就会死亡。家庭购买白糖量不宜过多,尤其是夏天气温高,更不可以久存。购买的食糖宜贮藏在干燥处,并加盖密封。

糖的外形特征与其加工的精细程度有很大的关系。一般来说,食糖的质量以色泽明亮、质干味甜、晶粒均匀、无杂质、无返潮、不黏手、不结块、无异味的为最佳。

## 二、糖浆

糖浆是淀粉不完全糖化的产物,或是由一种糖转化为另一种糖时所形成的黏稠液体或水溶液的甜味调味品,含有多种成分。常见的有饴糖、淀粉糖浆和葡萄糖浆等。

糖浆是通过煮或其他技术制成的、黏稠的、含高浓度糖的溶液。制造糖浆的原材料可以是糖水、甘蔗汁、果汁或者其他植物汁等。由于糖浆含糖量非常高,在密封状态下它不需要冷藏也可以保存比较长的时间。糖浆可以用来调制饮料或者做甜食。

商店里卖的水果糖浆,一般是使用浓度高的糖溶液配香料和色素制成的,而不是真正的水果糖浆。枫糖浆和蜂蜜等自然产物里含有类似糖浆的成分。个人将水果压碎后加水煮,将果肉过滤掉,加糖,然后继续煮,直到溶液黏稠,即为糖浆,冷却后放在瓶里贮藏。

**(一)糖浆的主要品种**

1.麦芽糖:是由两个单分子葡萄糖构成的双糖,其甜度低,热稳定性高于葡萄糖,通过氧化反应可以得到葡萄糖和其他低聚糖,还可以转化为麦芽糖醇、葡萄糖醇等。麦芽糖熬糖温度为 155℃。比普通熬糖温度高。

2.低聚糖:系指麦芽三糖、四糖,其 DE 值低,黏度高,吸湿性差,适用于制作硬糖果、雪糕、糕点等。

3.低转化糖:DE 值在 20 以下,主要组分为糊精,能溶于水,不甜,容易消化,不吸潮,适用于作增稠剂。低转化糖用酸法和酸酶法均可。酸法过滤困难,产品溶度低,易混浊或凝结。最好采用分段液化法。

4.果葡糖浆:这是一种新发展起来的淀粉糖浆,其甜度与蔗糖相等或超过蔗糖,因为果葡糖的糖分为果糖和葡萄糖,所以,称为果葡糖浆。它是 D-葡萄糖在异构酶和催化剂的作用下,部分地转化为果糖。异构化的原理是很简单的,高 DE 值的葡萄糖浆,经活性炭脱色,离子交换去盐和去除气体,再加入相应的催化剂和稳定剂,如镁盐、钴盐等,在 pH 值为 6.5~8.5,温度为 60℃~70℃完成异构化反应。对于 pH 值来说,每种酶都是特定的,不能任意选择。

果葡糖浆的优点是任何淀粉均可充作原料,不受地区和季节条件限制,工厂可以全年生产,原料资源丰富,价格便宜。用酶法生产,条件一般,设备简单,投资少。因此,果葡糖浆生产发展很快。

果葡糖浆是新型的淀粉制品,主要组成成分为葡萄糖和果糖,其甜度相当于蔗糖。现在已广泛的应用于面包、糕点、饼干、饮料等食品的生产中糖浆类的共同特性表现为具有良好的持水性(吸湿性)、上色性和不易结晶性。

**(二)糖浆的烹饪运用**

1.可作甜味调味品。由于溶解性很好,所以使用很方便。

2.常用于烧烤类菜肴的上色、增加光亮。刷上糖浆的原料经烤制后色红润泽,甜香味美。

3.还用于糕点、面包、蜜饯等制作中,起上色、保持柔软、增甜等作用,使制品不易发硬等作用,需注意的是酥点制作一般不用糖浆,否则影响其酥脆性。因糖浆可阻止蔗糖的重结晶,故在熬制拔丝菜肴的糖液时加入适量的糖浆,可使拔丝效果更好。

### 三、蜂蜜

蜂蜜是蜜蜂从开花植物的花中采得的花蜜在蜂巢中经过充分酿造而成的天然甜物质,其气味清香浓郁,味道纯真甜美。蜂蜜是糖的过饱和溶液,低温时会产生结晶,生成结晶的是葡萄糖,不产生结晶的部分主要是果糖。

**(一)蜂蜜的分类**

1.根据等级划分

**一等蜜**

蜜源花种:枇杷,荔枝,龙眼,椴树,槐花,柑橘,狼牙刺,荆条蜜等。

颜色:水白色,白色,黑色,浅琥珀色。

状态:透明,黏稠的液体或结晶体。

味道:果糖高,滋味甜润具有蜜源植物特有的花香味。

**二等蜜**

蜜源花种:枣花,油菜,紫云英,棉花等。

颜色:黄色,浅琥珀色,琥珀色。

状态:透明,黏稠的液体或结晶体。

味道:滋味甜具有蜜源植物特有的香味。

**三等蜜**

蜜源花种:乌桕,桉树等。

颜色:黄色,浅琥珀色,深琥珀色。

状态:透明或半透明状,黏稠液体或结晶体。

味道:味道甜无异味。

2.根据采蜜蜂种划分

我国现有的蜂种资源主要以意大利蜜蜂和中华蜜蜂为主。它们所采的蜜分别称为意蜂蜜和中蜂蜜(土蜂蜜)。

3.根据来源划分

蜜蜂采集的蜂蜜,主要是蜜源地花蜜,但在蜜源缺少时,蜜蜂也会采集甘露或蜜露,因此我们把蜂蜜分为天然蜜和甘露蜜。

(1)天然蜜

天然蜜是蜜蜂采集花蜜酿造而成的。它们来源于植物的花内蜜腺或花外蜜腺,通常我们所说的蜂蜜就是天然蜜,又因来源于不同的蜜源植物,又分为某一植物花期为主体的各种单花蜜,如橘花蜜,椴树蜜、荔枝蜜、刺槐蜜、紫云英蜜、油菜蜜、枣花蜜、野桂花蜜、龙眼蜜、野菊花蜜、狼牙蜜等。

蜜蜂虽然在某一个时期只从一种植物上采集花蜜,但是,大多数蜂蜜中常常含有几种类型植物的花粉或花蜜。例如,南方荔枝花末期接着有龙眼花,油菜花末期接着有紫云英开花,所以龙眼蜜里必含有荔枝蜜成分,紫云英蜜初期必有少量油菜蜜成分。一般情况下,蜂蜜是以一种或几种主要来源的花名来命名的。一般地说,某单花蜜就是该蜜源植物的花粉比例占绝对优势,例如在东北的椴树蜜中,椴树花粉应占绝对优势,蜜色白润。但也有许多植物同时开花而取到的蜜,因它有两种以上的花粉混杂在一起,一般称为杂花蜜,或百花蜜。

当人们对蜜源植物不了解之前,只以生产季节把蜂蜜分为春蜜夏蜜秋蜜和冬蜜。

(2)甘露蜜

甘露蜜是蜜蜂从植物的叶或茎上采集蜜露或昆虫代谢物(即甘露)所酿制的

蜜,蚜虫吸取了植物的汁液经过消化系统的作用,吸取了其中的蛋白质和糖分,然后把多余的糖分和水分排泄出来洒在植物枝叶上,蜜蜂就以它为原料酿造成甘露蜜。

**4.根据物理状态划分**

蜂蜜在常温、常压下,具有两种不同物理状态,即液态和结晶态(无论蜂蜜是贮存于巢洞中还是从巢房里分离出来)。

(1)液态蜜:也就是蜂蜜从蜂巢中分离出来并始终保持着透明或半透明黏稠状的液体。

(2)结晶蜜:多数品种蜂蜜放置一段时间后,尤其在气温较低时,逐渐形成结晶态,因此称为结晶蜜。由于晶体的大小不同,可分为大粒结晶、小粒结晶;结晶颗粒很小,看起来似乎同质的,称为腻状结晶或油脂状结晶。

**5.根据生产方式划分**

按生产蜂蜜的不同生产方式,可分为分离蜜、巢蜜、压榨蜜等。

(1)分离蜜:又分离心蜜或压榨蜜,是把蜂巢中的蜜脾取出,置于在摇蜜机中,通过离心力的作用摇并过滤的蜂蜜,或用压榨巢脾的方法从蜜脾中分离出来并过滤的蜂蜜。这种新鲜的蜜一般处于透明的液体状态,有些分离蜜经过一段时间就会结晶,例如油菜蜜取出后不久就会结晶,有些分离蜜在低温下经过一段时间才会出现结晶。

(2)巢蜜:又称格子蜜,利用蜜蜂的生物学特性,在规格化的蜂巢中酿造出来的连巢带蜜的蜂蜜块,巢蜜既具有分离蜜的功效,又具有蜂巢的特性,是一种被誉为高档的天然蜂蜜产品。

(3)压榨蜜:是旧法养蜂和采捕野生蜂蜜所获得的蜂蜜。

**6.根据颜色划分**

蜂蜜随蜜源植物种类不同,颜色差别很大。无论是单花还是混合的蜜种,都具有一定的颜色,而且,往往是颜色浅淡的蜜种,其味道和气味较好。因此,蜂蜜的颜色,既可以作为蜂蜜分类的依据,也可作为衡量蜂蜜品质的指标之一。蜂蜜之间存在着色泽差异,将其分为水白色、特白色、白色、特浅琥珀色、浅琥珀色、琥珀色及深琥珀色 7 个等级。

**7.根据蜜源植物划分**

(1)单花蜜:来源于某一植物花期为主体的各种单花蜜,如橘花蜜、荔枝蜜、龙眼蜜、狼牙蜜、柑橘蜜、枇杷蜜、油菜蜜、刺槐蜜、紫云英蜜、枣花蜜、野桂花(柃)蜜、荆条蜜、益母草蜜、野菊花蜜等。

(2)杂花蜜(百花蜜):来源于不同的蜜源植物,其中单一植物花蜜的优势不明显,称为杂花蜜或百花蜜。由于其蜜源多样,医疗保健的功效都相对稳定,常被用作药引子。

**(二)蜂蜜选择和储存**

1.嗅、闻:蜂蜜的气味。开瓶后,新鲜蜂蜜有明显的花香,陈蜜香味较淡。加香精制成的假蜜气味令人不适。单花蜜具有其蜜源本身的香味。良质蜂蜜具有纯正的清香味和各种本类蜜源植物花香味,无任何其他异味;次质蜂蜜,香气淡薄;劣质蜂蜜,香气很淡或无香气,有发酵味、酒味及其他不良气味。

2.尝:品尝蜂蜜的口味。纯正的蜂蜜不但香气宜人,而且口尝会感到香味浓郁。将蜂蜜置于舌上,以舌抵上颚,蜂蜜缓缓入喉,会感到微甜而稍有酸味,口感细腻,喉感略有麻辣,余味悠长。掺假后的蜂蜜,上述感觉变淡,而且有糖水味、较浓的酸味或咸味等。

3.挑:检查蜂蜜的含水量。我国通常取未成熟蜜,因此蜂蜜含水量高。市场上出售的蜂蜜大多经过加工、浓缩,含水量相对较低。经筷子或手指挑起蜂蜜,蜂蜜能拉丝者为佳无拉丝现象说明含水量高。也可滴一滴蜂蜜在草纸上,水迹易扩散者,说明含水高。纯净蜂蜜呈珠球状,不扩散。

4.捻:观察和感觉结晶情况。夏天气温高,蜂蜜不易结晶;冬季气温低,蜂蜜容易结晶。有些蜂蜜本身易结晶,有些则不易结晶。有些人对蜂蜜结晶有误解,认为一结晶就是假蜂蜜或掺假的,这是不正确的。蜂蜜结晶呈鱼子或油脂状,细腻,色白,手捻无沙砾感,结晶物入口易化。掺糖蜂蜜结晶呈粒状、手捻有沙砾感觉,不易捻碎,入口有吃糖的感觉。

5.溶:将蜂蜜溶解在水里,搅拌均匀,静置,若蜂蜜中有杂质则会上浮或下沉。蜂蜜是一种天然产品,少量杂质并不影响蜂蜜本身的质量。

6.看:看蜂蜜的色泽。纯正的蜂蜜光泽透明,仅有少量花粉渣沫悬浮其中,而无其他过大的杂质。蜂蜜的色泽因蜜源、植物的不同,颜色深浅有所不同,但同一瓶中的蜂蜜应色泽均一。

7.倒:由于含水量较低,优质蜂蜜很黏稠。假如把密封好的瓶子倒转过来,封在瓶口的空气上浮起来明显比较"费力"。

8.摩:如果购买乳白色或淡黄色的"结晶蜜",只要挑出来放在手背上轻轻摩擦片刻,那些比食用精盐略细的颗粒就会溶解。这样的方法还可以用来检验蜂王浆。

天然蜂蜜是可以在自然环境中密封状态下长期保存不变质的。但蜂蜜吸湿性强,内含有丰富的活性酶和酵母菌等,如果密封不够好,蜂蜜容易发酵变质。

蜂蜜储存时应放在阴凉、干燥、清洁、通风处,温度保持在5℃～10℃。空气湿度不超过75%的环境中。装蜂蜜的容器要盖严,防止漏气,减少蜂蜜与空气接触。

蜂蜜由于浓度极高,渗透压大,进入其中的细胞会严重脱水死亡,所以蜂蜜不易变质。作为食品上市的蜂蜜,根据《中华人民共和国食品安全法》都要在食物上标明保质期，因此，蜂蜜生产厂家一般把蜂蜜保质期定为 2 年或者 18 个月。

蜂蜜除直接食用外，由于果糖、葡萄糖有很大的吸湿性，所以常用于糕点制作中，使成品松软爽口、质地均匀、不易发硬，富有弹性，而且有增白的作用；也可用于蜜汁菜肴的制作中，以产生独特的风味，如蜜汁湘莲、蜜汁藕片、蜜汁银杏。此外，可直接抹在面包、馒头等面点上食用。

**(三)蜂蜜的烹饪应用**

1.制作甜菜，特别是一些蜜汁类菜肴，使用蜂蜜，味道更加鲜美。

2.蜂蜜常用于腌制肉，烧烤时会散发出非常诱人的香气，在烘烤中使用蜂蜜上色增味。

3.一些原料的上色，多使用蜂蜜。

4.糕点食品、烘焙点心的原料。

### 四、糖精

人们日常生活中经常食用的糖是从甘蔗、甜菜等植物中提炼出来的。植物界中还有一些比蔗糖更甜的物质。原产南美洲的甜叶菊，比蔗糖甜 200～300 倍；非洲热带森林里的西非竹芋，果实的甜度比蔗糖甜 3 000 倍；非洲还有一种薯蓣叶防己藤本植物，果实的甜度达蔗糖的 90 000 倍。

只是，这些比蔗糖甜成千上万倍的物质，我们平时很少见到。我们平常用的比蔗糖还甜的物质是糖精，它比蔗糖要甜 500 倍。

糖精，是一种不含有热量的甜味剂。其甜度为蔗糖的 300～500 倍，吃起来会有轻微的苦味和金属味残留在舌头上。化学名称为邻磺酰苯甲酰亚胺，是将从煤焦油中提炼出来的甲苯，经过碘化、氯化、氧化、氨化、结晶脱水等系列化学反应后，人工合成的甜味剂。成品为白色或无色的粉末或晶体，无臭，略有芳香气，易溶于水。但糖精溶液在长时间加热和酸性溶液中易分解生成少量的苯甲酸而产生苦味，因此，要尽量避免在长时间加热的食物中和酸性食物中添加糖精。

糖精钠是有机化工合成产品，是食品添加剂而不是食品，除了在味觉上引起甜的感觉外，对人体无任何营养价值。相反，当食用较多的糖精时，会影响肠胃消化酶的正常分泌，降低小肠的吸收能力，使食欲减退。由于糖精在人体内不参与代谢，不产生热量，适于作为糖尿病人和其他需要低热能食品患者的食品甜味剂，但是用量最大不得超过 0.15g/kg。糖精一般不单独使用，主要作为辅助的甜味剂用于糕点、酱菜、浓缩果汁、调味酱汁等中。在食用量较大的主食如馒头、发糕等及婴幼儿食品中不得使用糖精。

随着科学技术的发展，目前在食品中添加的甜味剂还有木糖醇、山梨醇、麦芽糖醇、二肽及氨基酸的衍生物等。木糖醇为白色粉末，甜度与蔗糖相近，它不为酵母、细菌发酵，因此具有防龋齿的作用。而且，木糖醇在体内的代谢与胰岛素无关，不会增加血糖含量，特别适合糖尿病人食品的赋甜。欧美许多国家已将其用于面包、点心、果酱等。山梨醇的甜度为蔗糖的50%～70%，在血液中不受胰岛素的影响，是一种可用于糖尿病、肝病患者食品加工的甜味剂。

### 五、其他甜味品

**1.甜菊糖**

又称甜菊苷，它是从菊科植物甜叶菊的叶子中提取出来的一种糖苷。甜叶菊原产于巴拉圭和巴西，现在中国、新加坡、马来西亚等国家也有种植，其甜味成分由甜菊苷及甜菊A苷、B苷、C苷、D苷和E苷组成。甜菊苷可用水从干叶子中提取、澄清和结晶。甜菊糖苷已在亚洲、北美、南美洲和欧盟各国广泛应用于食品、饮料、调味料的生产中。中国是全球最主要甜叶菊的种植国以及甜菊糖苷生产国、出口国。甜度为蔗糖的250～450倍，带有轻微涩味，甜菊A苷带有明显的苦味及一定程度的涩味和薄荷醇味，味觉特性要比甜菊双糖苷A差些，适度可口，纯品后味较少，是最接近砂糖的天然甜味剂。但浓度高时会有异味感。

甜菊是天然低热量甜味剂。甜菊糖的热值仅为蔗糖的1/300，摄入人体后不被吸收，不产生热量，是糖尿病和肥胖病患者适用的甜味剂。甜菊糖与蔗糖果糖或异构化糖混用时，可提高其甜度，改善口味。可用于糖果、糕点、饮料、固体饮料、油炸小食品、调味料、蜜饯、甜菊月饼、饼干等，成为营养、保健，以及儿童、老年人特殊需要的食品。用甜菊腌制如萝卜等酱菜以及榨菜，保鲜期长，清香味美，不腐烂。水产品中加入甜菊糖苷可防止水产品蛋白质腐败变质，在改善水产品风味的同时还降低成本，如各种鱼罐头、海带等。果脯应用甜菊糖苷后，不仅味甜而且爽口好吃。用甜菊糖苷加入如刺梨、沙棘、葡萄等果酒以及白酒中，可削减酒的辛辣感，改善风味。还可以增加啤酒泡沫，使其洁白、持久。用甜菊糖苷加入香肠、火腿肠、腊肉等食品中，可改善风味，延长保质期。

**2.甘草**

别名甜甘草，粉甘草，为豆科植物甘草、光果甘草或胀果甘草的干燥根和茎。甘草主产于内蒙古、甘肃、新疆。甘草甜味成分主要是甘草甜素，甘草甜素的甜度为蔗糖的200倍，其甜味不同于蔗糖，入口后稍经片刻才有甜味感，保持时间长，有特殊风味。甘草甜素虽无香气，但能增香。

**3.甜蜜素**

其化学名称为环己基氨基磺酸钠，是食品生产中常用的添加剂。甜蜜素是一种常用甜味剂，其甜度是蔗糖的30～40倍。白色结晶或白色结晶粉末，无臭，味甜，易溶于水，为无营养甜味剂，浓度大于0.4%时带苦味。我国《食品添加剂使用卫生标准》(GB 2760－2014)对食品加工中甜蜜素用量进行了严格限制。我国居民膳食中甜蜜素使用较高的是糕点、带壳熟制坚果与籽类。对果冻、饮料、冷冻饮品、面包糕点也应控制食用量，特别应注意不要用喝饮料代替喝水，不要把面包糕点当主食食用。

4.安赛蜜

它是一种高强度甜味剂，口味与蔗糖相似，甜度是蔗糖的 200 倍。其口感清爽，不带苦、金属、化学等不良后味，大量的试验结果证实其安全无副作用。与其他甜味剂混合使用时有增效作用。我国规定安赛蜜可用于风味发酵乳、水果罐头、糖果、焙烤食品、调味品、饮料类、果冻等食品中，使用量范围为 0.3～4.0g/kg。

5.糖霜

糖霜基础是糖粉和蛋清，也有添加稳定剂的。糖霜很甜，多用于装饰蛋糕的拉边、修饰等。也有直接撒在蛋糕上面的，之前有吹蜡烛爆炸的事故，就是因为糖霜粉末的原因，特定情况下会燃烧。

6.焦糖

焦糖又称焦糖色，砂糖加热溶化后使之呈棕黑色，俗称酱色，是用饴糖、蔗糖等熬成的黏稠液体或粉末，深褐色，有苦味，用于香味或代替色素使用。

7.海藻糖

海藻糖又称漏芦糖、蕈糖等。是一种安全、可靠的天然糖类。海藻糖能降低糕点的整体甜味度，并提高材质本身具有的美味和香味、保持糕点的滋味、在常温下可延长产品保质期。成为西点的新宠。

8.翻糖

由转化糖浆再予以搅拌使之凝结成块状，用于蛋糕和西点的表面装饰。

9.木糖醇

木糖醇不是糖，属于糖醇类，是从白桦树、橡树、玉米芯、甘蔗渣等植物原料中提取出来的一种天然甜味剂。为白色粉末，甜度与蔗糖相当，溶于水时可吸收大量热量，是所有糖醇甜味剂中吸热值最大的一种，故以固体形式食用时，会在口中产生愉快的清凉感。依据我国食品安全国家标准，木糖醇可作为甜味剂按生产需要用于各类食品中。而且，木糖醇在体内的代谢与胰岛素无关，不会增加血糖含量，特别适合糖尿病人食品的赋甜。欧美许多国家已将其用于面包、点心、果酱等。

目前在食品中添加的甜味剂还有木糖醇、山梨醇、麦芽糖醇、二肽及氨基酸的衍生物等。

10.风登糖

风登糖又称翻砂糖、封糖、方旦糖、部分转化糖、部分转化部分结晶糖。它是以砂糖为主要原料，用适量的水、葡萄糖或醋精、柠檬酸熬制，经反复搓叠而成；呈膏状，柔软滑润，洁白细腻；可用于面包、糕点和蛋糕的表面装饰等。通过对糖的深度加工，使糖赋予了更好的可塑性和极佳的延展性，并且可以塑造出各式各样的造型，并将精细特色完美地展现出来，造型的艺术性无可比拟，充分体现了个性与艺术的完美结合。

11.白帽糖

白帽糖又称粉糖膏、粉糖蛋清膏、皇家糖霜，使用糖粉和蛋清或明胶等混合而成的具有可塑性的糖膏。

白帽糖糖膏的可塑性强，可拉制成精细花纹，裱制立体花，制作饰板等。一般用于蛋糕表面装饰和大型装饰蛋糕、橱窗样品。

12.世界上使用的主要甜味剂有：

(1)功能性单糖：高果糖浆、结晶果糖、L—糖等；

(2)功能性低聚糖：异麦芽酮糖、乳酮糖、棉籽糖、大豆低聚糖、低聚果糖、低聚乳果糖、低聚乳糖、低聚异麦芽糖等；

(3)多元糖醇：赤藓糖醇、木糖醇、山梨糖醇、甘露糖醇、麦芽糖醇、异麦芽糖醇、氢化淀粉水解物等；

(4)糖苷：甜菊苷、甜菊双糖苷、二氢查耳酮、甘草甜素等；

(5)二肽类：甜味素(阿斯巴甜)、阿力甜等；

(6)蛋白质：索马甜、莫奈林、奇异果素等；

(7)蔗糖衍生物：三氯蔗糖(又叫蔗糖精)等；

(8)人工合成甜味剂：糖精、甜蜜素、安赛蜜等；

(9)复合甜味剂：金娃娃甜代糖，蛋白糖，健康糖，耐而甜，甜味宝等。

# 第三节　酸味调味品

酸味是酸性物质离解出的氢离子，在口腔中刺激味觉神经后而产生的一种味觉体验。自然界中的酸性物质大多数来源于植物性原料，如苹果酸、柠檬酸、酒石酸等以及微生物发酵产生的醋酸、乳酸等。

酸味具有缓甜减咸、增鲜降辣、去腥解腻的独特作用，还可以促进钙质的溶解和吸收，促进蛋白类物质的分解，保护维生素 C，刺激食欲，帮助消化。此外，酸遇碱可发生中和反应而失去酸味；在高温下，酸性成分易挥发也可失去酸味。因此，在使用酸味调味品时，需注意这些变化的发生。

酸味与甜味、咸味、苦味等味觉可以互相影响，甜味与酸味易互相抵消，酸味与咸味、酸味与苦味难以相互抵消。酸味与某些苦味物质或收敛性物质（如单宁）混合，则能使酸味增强。

在烹饪过程中，酸味很少单独成味，而是同其他调味原料一起使用调制复合味，如咸酸味、甜酸味、酸辣味、鱼香味、荔枝味等。常用的酸味调味品有食醋、番茄酱、柠檬酸等。

## 一、食醋

醋，古汉字为"酢"，又作"醯"。《周礼》有"醯人掌共醯物"的记载，可以确认，中国食醋西周已有。晋阳（今太原）是我国食醋的发祥地之一，史称公元前 8 世纪晋阳已有醋坊，春秋时期遍及城乡。至北魏时《齐民要术》共记述了大酢、秫米神酢等二十二种制醋方法。唐宋以来，由于微生物和制曲技术的进步和发展，至明代已有大曲、小曲和红曲之分，山西醋以红心大曲为优质醋用大曲，该曲集大曲、小曲、红曲等多种有益微生物种群于一体。中国著名的醋有"神秘湘西"原香醋、镇江香醋、山西老陈醋、四川保宁醋、天津独流老醋、福建永春老醋、广灵登场堡醋、岐山醋、河南老鳖一特醋及红曲米醋。经常喝醋能够起到消除疲劳等作用，醋还可以缓解感冒引起的并发症的作用。

醋主要使用大米或高粱为原料。适当的发酵可使含碳水化合物（糖、淀粉）的液体转化成酒精和二氧化碳，酒精再受某种细菌的作用与空气中氧结合即生成醋酸和水。所以说，酿醋的过程就是使酒精进一步氧化成醋酸的过程。食醋的味酸而醇厚，液香而柔和，它是烹饪中一种必不可少的调味品，主要成分为乙酸、高级醇类等。现用食醋主要有"米醋""熏醋""特醋""糖醋""酒醋""白醋"等，根据产地品种的不同，食醋中所含醋酸的量也不同，一般在 5％～8％之间，食醋的酸味强度的高低主要由其中所含醋酸量的大小所决定。例如山西老陈醋的酸味较浓，而镇江香醋的酸味酸中带柔，酸而不烈。此外，在中西餐中使用的还有鸭梨醋、柿醋、苹果酒醋、葡萄酒醋、色拉醋、铁强化醋和红糖醋等。

**(一)醋的分类**

食醋由于酿制原料和工艺条件不同，风味各异，没有统一的分类方法。

1.按制醋工艺流程分类

(1)酿造醋:酿造醋即发酵醋，为我国传统的食用醋，是以谷类、麸皮、水果等为原料，以醋酸菌为发酵菌将乙醇氧化成乙酸而制成的酸味调味品。其中除含 5％～8％的醋酸外，还含有乳酸、葡萄糖酸、琥珀酸、氨基酸、酯类及矿物质和维生素等其他成分。成品酸味柔和、鲜香适口，并具有一定的保健作用。

我国生产的发酵醋种类很多，如糖醋、酒醋、果醋、米醋、熏醋等，以米醋质量为最佳。

(2)合成醋:合成醋即化学醋，是以冰醋酸、水、食盐、食用色素等为原料，按一定比例配制而成的液状酸味调味品。仅具有酸味，无鲜香味，并有一定刺激性。

2.按原料处理方法分类

生料醋:粮食原料不经过蒸煮糊化处理，直接用来制醋，称为生料醋;

熟料醋:经过蒸煮糊化处理后酿制的醋，称为熟料醋。

3.按制醋用糖化曲分类

则有麸曲醋、老法曲醋之分。

4.按醋酸发酵方式分类

则有固态发酵醋、液态发酵醋和固稀发酵醋之分。

5.按食醋的颜色分类

则有浓色醋、淡色醋、白醋之分。

6.按风味分类

烹调型、佐餐型、保健型和饮料型等系列。

烹调型:这种醋酸度为 5％左右，味浓、醇香，具有解腥去膻助鲜的作用。对烹调鱼、肉类及海味等非常适合。若用酿造的白醋，还不会影响菜原有的色调。

佐餐型:这种醋酸度为 4％左右，味较甜，适合拌凉菜、蘸着吃，如凉拌黄瓜、点心、油炸食品等，它都具有较强的助鲜作用。这类醋有玫瑰米醋、纯酿米醋与佐餐醋等。

保健型:这种醋酸度较低，一般为 3％左右。口味较好，每天早晚或饭后服 1 匙(10 毫升)为佳，可起到强身和防治疾病的作用，这类醋有康乐醋、红果健身醋等。制醋蛋液的醋也属于保健型的一种，酸度较浓为 9％。这类醋的保健作用更明显。

饮料型:这种醋酸度只有 1% 左右。在发酵过程中加入蔗糖、水果等,形成新型的被称之为第四代饮料的醋酸饮料(第一代为柠檬酸饮料、第二代为可乐饮料、第三代为乳酸饮料)。具有防暑降温、生津止渴、增进食欲和消除疲劳的作用,这类饮料型米醋尚有甜酸适中、爽口不腻等特点,为人们所喜欢。这类饮料有山楂、苹果、蜜梨、刺梨等浓汁,在冲入冰水和二氧化碳后就成为味感更佳的饮料了。

### (二)烹饪常用的食醋

#### 1.山西老陈醋

山西老陈醋是我国北方最著名的食醋。它是以优质高粱为主要原料,经蒸煮、糖化、酒化等工艺过程,然后再以高温快速醋化,温火焙烤醋醅和伏晒抽水陈酿而成。

山西老陈醋的色泽黑紫,液体清亮,酸香浓郁,食之绵柔,醇厚不涩。而且不发霉,冬不强冻,越放越香,久放不腐。

#### 2.镇江香醋

镇江香醋是以优质糯米为主要原料,采用独特的加工技术,经过酿酒、制醅、淋醋三大工艺过程,约 40 多道工序,前后需 50～60 天,才能酿造出来。

镇江香醋素以"酸而不涩,香而微甜,色浓味解"而蜚声中外。这种醋具有"色、香、味、醇、浓"五大特点,深受广大人民的欢迎,尤以江南使用该醋为最多。

#### 3.四川麸醋

四川各地多用麸皮酿醋,而以保宁所产的麸醋最为有名。这种麸醋是以麸皮、小麦大米为主要酿醋原料发酵而成,并配以砂仁、杜仲、花丁、白蔻、母丁等 70 多种健脾保胃的名贵中药材制曲发酵,并采用莹洁甘芳的泉水,这种泉水中含有多种矿物成分,有助于酿醋。此醋的色泽黑褐,酸味浓厚。

#### 4.江浙玫瑰米醋

江浙玫瑰米醋是以优质大米为酿醋原料,酿造出独具风格的米醋。江浙玫瑰米醋的最大特点是醋的颜色呈鲜艳透明的玫瑰红色,具有浓郁的能促进食欲的特殊清香,并且醋酸的含量不高,故醋味不烈,非常适口,尤其适用于凉拌菜、小吃的佐料。

#### 5.福建红曲老醋

福建红曲老醋是选用优质糯米、红曲芝麻为原料,采用分次添加、液体发酵并经过多年(三年以上)陈酿后精制而成。这种醋的特点是:色泽棕黑,酸而不涩、酸中带甜,具有一种令人愉快的香气。这种醋由于加入了芝麻进行调味调香,故香气独特,十分诱人。

#### 6.凤梨醋

凤梨醋是我国台湾省的一种名醋。这种醋是以台湾本地所产的凤梨作为酿造原料而制成。它的特点是醋色澄清,酸而不烈,酸中带甜。

7.苹果醋

苹果醋是以苹果汁为原料而制成。苹果汁先经酒精发酵，后经醋酸发酵而制成苹果醋。苹果醋除含醋酸外，还含有柠檬酸、苹果酸、琥珀酸、乳酸等。

8.葡萄醋

它是用葡萄酒以及葡萄汁、葡萄香味剂作为原料而制成。经过配制后的葡萄醋主要是用于色拉的调料以及作沙司和辣酱油之用。

9.麦芽醋

麦芽醋，顾名思义就是利用麦芽为原料而酿造出来的一种特殊食醋。它的营养价值较之其他的食醋更高，口味更加纯正清爽。

10.蒸馏白醋

蒸馏白醋是一种无色透明的食醋，是法国的一种名醋。使用这种蒸馏白醋要注意用量的控制，以防酸味过重，影响菜肴的本味。蒸馏白醋是烹制本色菜肴和浅色菜肴用的酸味调料。

**(三)醋的烹调作用**

1.调和菜肴滋味，增加菜肴的香味

在烹饪中，食醋具有赋酸、增鲜香、去腥膻的作用，是调制酸辣味、糖醋味、鱼香味、荔枝味等复合味型的重要原料；在原料的初加工中，可防止某些果蔬类原料酶促褐变的发生；并可使甜味减弱、咸味增强、高汤的鲜味提高。此外，食醋还可使肉质老韧的肌肉组织软化，并具有一定的抑菌、杀菌作用和一定的营养保健功能。

2.去除不良异味

醋的挥发性很强，在烹饪中利用这一特性可将异味成分从原料中挥发出来，同时也可将自身的香味与原料特有的香味一起散发出来，达到去腥增香的效果。利用醋的溶解与挥发性可以去除一些动物性原料的腥膻异味的物质。例如鱼肉稍有不新鲜就会产生带有腥味的三甲胺，尤其是海产鱼类产生的腥气味比淡水鱼更为强烈。腥味成分一般表现为碱性，使成品带有较重的氨气味，而且对人体有一定的害处，但在腥味食物中加入醋后，可以起到中和作用，不但分解了异味，而且增加了特殊的风味。烹调中常用的"底醋""暗醋""明醋"法，就是利用醋的挥发性。如底醋的使用，是因菜肴色泽与口味的要求，在烹制过程中不能直接加入醋进行。

3.在原料的加工中，可防止某些果蔬类"锈色"的发生

食醋在初加工中还起到保色作用，能使蔬菜维持原有颜色，例如：煮土豆时加入醋，会使土豆保持本色，藕切片后如果立即放在醋水里，就不生锈变质，煮藕等容易变色的蔬菜时，稍稍放些醋，就能使它洁白。

4.可使肉类软化

食醋在烹调中不仅是调味料，同时也是一种良好的软化剂。它可使牛肉、鸡肉

等动物性原料的质地软化,加快原料的成熟酥烂。在煮鱼或炖骨头汤过程中,它既可使肉软嫩,同时也能使骨头软化,因为醋可使骨中的钙分解出来,便于人体吸收。

5.具有一定的抑菌、杀菌的作用

食醋还有杀菌和去腥除异味的作用,如凉拌菜调味时,常加入些许醋,起消毒杀菌作用;而食用生鱼片时,配青芥辣醋碟,可压抑原料的腥味。醋还能减少原料中维生素 C 的损失、保持蔬菜的脆嫩、促进骨组织中 Ca、P、Fe 的溶解、防止植物原料的褐变。还可用于食物或原料的保鲜防腐,如酸渍原料等。

6.醋在动物内腔以及无鳞鱼体的洗涤中,能起到去除黏液和异味的作用

猪肚、猪肠等畜类的内腔中带有一定污秽杂物,腥臊气味较浓,在洗涤时放入盐和醋一起搓洗,则可将黏液去除干净。如果在焯水时加入醋,去腥、去黏液的效果更佳,例如:鳝鱼在烫制时加入一定的食醋,很容易将体表的黏液去净,同时将鳝鱼的腥味挥发,并能增加鳝鱼的光洁度。

7.具有一定的营养保健功能

能减少原料中维生素 C 的损失,促进原料中钙、磷、铁等矿物成分的溶解,提高菜肴营养价值和人体的吸收利用率。能够调节和刺激人的食欲,促进消化液的分泌,有助于食物的消化吸收。

酸味与甜味二者之间易发生减弱的关系。例如:在食醋中添加甜味调料(砂糖)后则酸味减弱,如果在砂糖的溶液中添加少量的食醋后则甜味减弱。在食醋中添加少量的食盐后,会觉得酸味减弱,但是在食盐溶液中添加少量的食醋则咸味会增强。如在食醋溶液中添加高浓度的鲜汤后,则可使鲜味有所增高,所以有用食醋调味的菜肴时如需要提高鲜味,应添加鲜汤,而不宜添加味精。

增加咸味。在烹调中,多用一些酸味调料,能增强咸味,减少盐的摄入。这是因为感受酸味的味觉细胞位于舌中部的两侧,刚好与感受咸味的区域毗邻。这就意味着,吃点酸,能增加味蕾对咸味的敏感。

缓和辣味。醋中的醋酸可以中和辣味,减轻辣的刺激性。炒菜时如果辣椒放多了不妨加点醋。在餐馆吃饭时,如果感觉菜比较辣,也可以要一小碟醋蘸着吃。

中和碱味。蒸馒头等面食时,如果碱放多了,可加少许醋,起到酸碱中和的作用,减轻面食里的碱味。此外,醋有抑菌作用,做面食时加一点儿,不容易发霉。

**(四)醋的品质鉴别和保存**

选购食醋时,应从以下几方面鉴别其质量:

一是看颜色。食醋有红、白两种,优质红醋要求为琥珀色或红棕色。优质白醋应无色透明。

二是闻香味。优质醋具有酸味芳香,没有其他气味。

三是尝味道。优质醋酸度虽高但无刺激感、酸味柔和、稍有甜味、不涩、无其他异味。此外，优质醋应透明澄清，浓度适当，没有悬浮物、沉淀物、霉花浮膜。食醋从出厂时算起，瓶装醋三个月内不得有霉花浮膜等变质现象。

真醋的颜色为棕红色或无色透明，有光泽，有熏香或酯香或醇香；酸味柔和、稍带甜味、不涩、回味绵长；浓度适当，无沉淀物。假醋多用工业醋酸直接兑水而成，颜色浅淡、发乌；开瓶时酸气冲眼睛，无香味；口味单薄，除酸味外，有明显苦涩味；有沉淀物和悬浮物。

盛装散装醋的瓶子一定要干净无水。在装食醋的瓶中加入几滴白酒和少量食盐，混匀后放置，可使食醋变香，不容易长白醭，可贮存较长时间。也可在盛醋的瓶中加入少许香油，使表面覆盖一层薄薄的油膜，防止醋发霉变质。

## 二、番茄酱

番茄酱是以成熟期的番茄为主要原料，经破碎、打浆、去除皮和籽、浓缩、装罐、杀菌而成的糊状酸味调味品。成品色泽红艳、味酸甜。其酸味来自苹果酸、酒石酸、柠檬酸等，红色主要来自番茄红素。番茄酱中除了番茄红素外还有 B 族维生素、膳食纤维、矿物质、蛋白质及天然果胶等，和新鲜番茄相比较，番茄酱里的营养成分更容易被人体吸收。

番茄酱除直接用于佐餐外，还是制作甜酸味浓的"茄汁味"热菜、某些糖粘类和炸制类冷菜必用的调味品。代表菜式如茄汁鱼花、茄汁大虾、茄汁牛肉、茄汁锅巴、茄汁鸡球、茄汁排骨等。使用前需将番茄酱用温油炒制，使其呈色呈香更佳。

西红柿酱是将西红柿放入盐水中腌制而成的酱汁，可用于炒菜或煲汤。西红柿酱香诱人，酸甜醒胃，可用作煎炸食品的蘸料，也可用来烹制茄汁煎猪排、茄汁牛肉等菜式。

番茄酱在烹饪中的应用：

番茄酱有增色、调味、定型的作用，在我们熟悉的很多菜肴中都有番茄酱的影子，如番茄炒蛋、茄汁菜花、番茄牛腩、意大利面等。

1.番茄酱可用于烹饪茄汁菜肴。如茄汁豆腐、茄汁菜花、茄汁牛腩、茄汁大虾等，一般是在加入番茄块的同时加入番茄酱。

烹调时，很多大厨会把番茄酱倒入热油中煸炒，然后放入半熟食材，这样烹饪出来的菜肴色泽鲜艳，但是会破坏番茄酱中的番茄红素。

如果想充分利用番茄酱的营养价值，最好在菜肴快熟时再调入番茄酱，不过这样做出来的菜肴色泽会逊色不少。

2.番茄汁还可用于烹饪糖醋味的菜肴。将番茄酱与白糖、白醋等调料制成酸甜口味的调味汁，然后倒入锅中熬煮成色泽红亮、质地黏稠的糖醋汁，再放入处理好的材料翻炒即可。糖醋鱼、糖醋里脊、咕咾肉等都可以用番茄酱来调味。

3.番茄酱还可作为原料,与橄榄油、洋葱末、西式香草一起炒香熬煮制成味道独特、香气浓郁的比萨酱、意面酱等。

4.将番茄酱混在面糊里,制作面食,也能收到不错的效果。制作出来的面食颜色鲜艳,味道清甜,能促进食欲。

5.制作鸡蛋汤面和疙瘩汤也可以适当放入一些番茄酱,能提升汤汁的色泽,使味道更加浓郁。

用番茄酱调味不宜放得过多,否则会影响菜肴的主味,使菜肴原本的风味尽失。市场上很多番茄酱为了延长保质期、保证口感,多多少少都加入了添加剂。要想食用到纯天然、原汁原味的番茄酱,不妨自己动手制作番茄酱。

### 三、柠檬酸

柠檬酸是一种有机酸,又名枸橼酸,无色晶体,常含一分子结晶水,无臭,有很强的酸味,易溶于水。柠檬酸广泛分布于柠檬、柑橘、草莓等水果中。最初由柠檬汁分离制取而得,现在工业上由糖质原料经发酵或其他方法合成制得。柠檬酸是所有有机酸中最和缓而可口的酸味调味料。尤以柠檬中含量最多。可通过化学方法合成或以淀粉为原料经微生物发酵制得,成品为无色晶体,酸味极强。天然柠檬汁尚具有浓郁的果香味。

在烹调上,柠檬酸有着保色、增香、添酸等作用,可让菜肴产生特殊性风味。在使用时应注意用量,通常浓度在 $0.1\%\sim1.0\%$ 为宜。

在烹饪中,柠檬酸具有赋酸、护色、保护维生素 C 的作用,常用于西式菜肴和面点的制作,并且是食品工业中制作糖果、饮料的主要酸味剂。目前在中餐烹调中也有使用,如香橙排骨、西柠软煎鸡、西柠煎鸭脯等。

柠檬酸加到这些果汁中还有抗氧化和保护色素的作用,以保护果汁的新鲜感和防止变色。在冰淇淋和人造奶油中添加柠檬酸可以改善冰淇淋和人造奶油的口味,增加乳化稳定性,防止氧化作用。各种肉类和蔬菜在腌制加工时,加入或涂上柠檬酸可以改善风味、除腥去臭、抗氧化。

# 第四节 鲜味调味品

鲜味是一种优美适口、激发食欲的味觉体验。鲜味可使菜点风味变得柔和、诱人，能促进唾液分泌、增强食欲。

鲜味是食品的一种复杂而醇美的感觉，是体现菜肴滋味的一种十分重要的味道。

鲜味通常不能独立作为菜肴的滋味。在应用过程中，鲜味一般在有咸味的基础上，方可呈现最佳效果。咸可增鲜，酸可减鲜，甜鲜混合，而形成复合的美味，可使鲜味较弱或基本无鲜味的原料经过烹调后增加鲜美滋味。

在过去，人们一直认为鲜味不属于基本味觉，而是作为一种能感到愉快并提高食欲的综合性味感。鲜味在我国传统饮食文化中占有重要地位，是追求美食的重要指标。早在宋朝林洪的《山家清供》中就提到鲜味，称竹笋"其味甚鲜"；明代对"鲜"已有明确的概念，如酱油"愈久愈鲜"，"陈肉而别有鲜味"等；直至清代，人们更是普遍接受鲜味的说法。关于具体呈鲜的物质成分的报道，日本学者池田菊苗1908年首次在海带中分离出谷氨酸，并提出鲜味概念，然而当时不作为基本味觉被人认可。在20世纪80年代鲜味才被人们认知为一种基本味觉，主要指谷氨酸钠（味精）的味道。鲜味成分自身具有鲜味特性，已知的鲜味成分主要为有机酸类、有机碱类、游离氨基酸及其盐类、核苷酸及其盐类、肽类等。

鲜味剂又称风味增强剂，是一类可以增强食品鲜味的化合物。鲜味剂对蔬菜、肉、禽、乳类、水产类乃至酒类都起着良好的增味作用。

**(一)鲜味的化学成分**

鲜味根据化学成分的不同，可将食品鲜味剂分为氨基酸类、核苷酸类、有机酸类、复合鲜味剂等。

1.氨基酸类：主要有L－谷氨酸钠、L－丙氨酸、L－天门冬氨酸钠、甘氨酸

(1)L－谷氨酸钠

谷氨酸钠俗称味精，具有很强的肉类鲜味，是人体的营养物质，虽非人体必需氨基酸，但在体内代谢，与酮酸发生氨基酸转移后，能合成其他氨基酸，食用后有96％可被体内吸收。味精的阈值（即溶于水中能尝出鲜味的最小浓度）为0.03％。L－谷氨酸钠是我国应用于食品中的一种最广泛的鲜味剂之一。但是，由于很多国家并不以味精作为调味品，因而市场相对较小。尽管味精总产量仍有增长趋势，但市场已趋于饱和。

（2）L－丙氨酸

L－丙氨酸，属于非必需氨基酸，是血液中含量最多的氨基酸，有重要的生理作用，用于鲜味料中的增效剂。具有减轻酒精对肝脏的损害、增强免疫能力、刺激胰岛素分泌及减肥抗氧化等功效。L－丙氨酸的主要调味功能为，有柔和盐味效果，腌制产品中加 0.1％～0.5％丙氨酸可使风味柔和；用于酸乳，可改善因过度发酵产生的酸味；丙氨酸能缓和涩味、苦味及辣味。

（3）L－天门冬氨酸钠

L－天门冬氨酸钠存在于竹笋、酱油中，其呈味强度约为味精的五分之一，但与味精、增鲜剂等并用可以发挥相乘作用。也可作为饮料、肉类、酱油等的调香剂，可使香味浓厚，使用量为 0.1％～0.5％。

2.甘氨酸

甘氨酸广泛存在于自然界，尤其是在虾、蟹、海胆、鲍鱼等海产及动物蛋白中含量丰富，是海鲜味的主要成分。甘氨酸铁盐结合物还具有补血的功能。甘氨酸的钠盐、锌盐、铝盐和铜盐均为营养保健品的添加剂。甘氨酸的调味功能主要有：缓和酸、碱味；盐渍物中添加甘氨酸能缓和盐味；掩盖食品中因添加糖精的苦味并增强甜味；能生成香味物质；与还原糖反应生成焦糖香味；配制酒加甘氨酸能掩盖苦味、改善酒风味，低醇饮料中加入甘氨酸可保持清酒与葡萄酒风味。

3.核苷酸类

主要有 5－肌苷酸二钠、5－鸟苷酸二钠。

（1）5－肌苷酸二钠：简称 IMP，无色至白色结晶或晶体粉末，无臭，呈鸡肉鲜味，IMP 的阈值为 0.025％。IMP 易溶于水，稍有吸湿性，但不潮解。

（2）5－鸟苷酸二钠：简称 GMP，无色至白色结晶或晶体粉末，呈鲜菇鲜味，GMP 的阈值为 0.0125％。GMP 易溶于水，微溶于乙醇。

其实，人们很早就应用 IMP 和 GMP 作为鲜味剂，如江南人常吃的腌笃鲜（腌肉中含 IMP 和 GMP）和咸菜大黄鱼汤（黄鱼中含 IMP 和 GMP）。肌苷酸和鸟苷酸能增加肉类的原味，改善一般食品的基本味觉。5－肌苷酸二钠与 5－鸟苷酸二钠等量的混合物是销售前景较好的鲜味剂之一。

4.有机酸类

主要是琥珀酸。琥珀酸化学名称是 1，4—丁二酸。在鸟兽肉及鱼肉均有少量存在，而以贝类中含量最多。琥珀酸单独作为酸味剂，其阈值为 0.039％，用于酒、清凉饮料、糖果等的调味。琥珀酸二钠是目前我国许可使用的有机酸鲜味剂，其呈味阈值为 0.03％，作为食品中的强力鲜味剂，普遍存在于传统发酵产品清酒、酱油、酱中，如与食盐、谷氨酸钠或其他有机酸醋酸、与柠檬酸合用，其鲜味可更佳。

二、复合鲜味剂

复合鲜味剂可以增强食品的鲜美味，呈味力强，含有人体不可缺少的八种必需氨基酸，能增强食品的营养成分，可抑制食品中的不良风味。

（1）动物水解蛋白

采用鸡肉、猪肉、牛肉等畜禽原料提取的水解动物蛋白，蛋白质含量高，其氨基酸模式更接近人体需要，更能体现动物原料的风味特点，而气味来源于极性氨基酸和还原糖通过美拉德反应的产物。水解动物蛋白中还含有一些特殊生理功能的活性肽，这些活性肽有促进微量元素的吸收，防止腹泻，加速有害物质的排泄，提高机体免疫力等功能。动物水解蛋白所含的氨基酸可作为消化功能发育不健全的婴幼儿、消化功能衰退的老年人、手术后康复或患病者等的功能性食品基料。

动物水解蛋白应用于虾片、鱼片、虾球等小吃食品，可增强海鲜的风味，掩盖其鱼腥味。应用于各种调味品，可提高鲜味，产生肉香效果；应用于香肠、牛肉、火腿等制品，可加强肉类天然味道，改进香味，减少肉腥味、降低生产成本。

（2）植物水解蛋白

植物水解蛋白来自大豆、玉米、麦子胚芽蛋白，经过水解精制获得膏状产品，每 100 千克蛋白质，可获得同量的植物蛋白水解物，其中含有盐类 40%。水解植物蛋白富含各种氨基酸和小肽，具有很高的营养价值，可作为消化功能不健全或患病者的功能性食品配料。它所含的小肽具有促进微量元素吸收、提高机体免疫力、抗肿瘤等功能。水解植物蛋白还具有预防食品过敏性作用。食品过敏患者轻则引起皮疹，重则会危及生命，植物蛋白水解物在预防和治疗过敏方面的作用无疑是蛋白水解物研究开发的一个重要发现。

（3）酵母抽提物

酵母抽提物又称酵母精，酵母精呈现特性恰好在动植物蛋白之间，能在植物原料的风味之间起到调和作用，掩盖植物性原料的味道。酵母抽提物是一种国际流行的营养型多功能鲜味剂和风味增强剂，以面包酵母、啤酒酵母、原酵母等为原料，通过自溶法、酶解法、酸热加工法等制备，在欧洲占有鲜味剂市场 1/3 的份额。在食品工业中，酵母抽提物主要用作液体调料、特鲜酱油、粉末调料、肉类加工、鱼类加工、动植物抽提物、罐头、蔬菜加工、饮食业等鲜味增强剂起着改善产品风味，提高产品品质及营养价值，增进食欲等作用。

在自然界中，鲜味物质广泛存在于动植物原料中，如畜肉、禽肉、鱼肉、虾、蟹、贝类、海带、豆类、菌类等原料。

在实际应用过程中应突出主配原料的鲜味。需要加以注意和利用的是：鲜味需在咸味的基础上才能体现，而且，在调味方面存在"鲜味相乘"原理，即多种鲜味物质的呈鲜作用远远强于一种鲜味物质。

### 三、烹饪中常用鲜味调味品

烹调中，常用的鲜味调味品有从植物性原料中提取的，或利用微生物发酵产生的，主要有味精、蘑菇浸膏、素汤、香菇粉、腐乳汁、笋油、菌油等；有利用动物性原料生产的鸡精、牛肉精、肉汤、蚝油、虾油、蛏油、鱼露、海胆酱等。除普通味精为单一鲜味物质组成外，其他鲜味调味品基本上都是由多种呈现物质组成，所以鲜味浓厚，回味悠长。

#### (一)味精

味精又称味素，其主要成分为谷氨酸钠，是以面筋蛋白质、大豆蛋白等为原料经水解法或以淀粉为原料经微生物发酵制得的粉末状或结晶状鲜味调味品。易溶于水，微有吸湿性，味道鲜美，还有缓和碱、酸、苦味的作用。成年人食用量可不限制，但婴儿不宜食用。

味精的鲜度极高，溶解于3000倍的水中仍能辨出，但其鲜味只有与食盐并存时才能显出。所以在无食盐的菜肴里(如甜菜)不宜放味精。使用味精时还应注意温度、用量等。最宜溶解的温度是70℃～90℃。若长时间在温度过高的条件下，味精会变成焦谷氨酸钠，不但失去鲜味，且有轻微毒素产生。另外，谷氨酸钠是一种两性分子，在碱性溶液中会转变成毫无鲜味的碱性化合物——谷氨酸二钠，并具有不良气味。当溶液呈酸性时，则不易溶解，并对酸味具有一定的抑制作用。所以当菜品处于偏酸性或偏碱性时，不宜使用味精(如糖醋味型的菜肴)。在原料鲜味极好(如干贝、火腿等)或用高级清汤制成的菜肴中(如清汤燕菜)不宜或应少放味精。

**1.味精的种类**

味精的品种较多，一般将其分为四大类，即普通味精、特鲜味精、复合味精、营养强化味精。

(1)普通味精:普通味精是指以小麦、玉米、大豆或淀粉等为原料，利用水解法或发酵法制成的一种粉末状或结晶状的鲜味调味品。

(2)特鲜味精:特鲜味精又称强力味精，它是在普通味精中添加一定比例的苷酸钠或肌苷酸钠混合而成的调味品，其鲜度高于普通味精5倍左右。

(3)复合味精:复合味精是按一定的比例由味精加调味料配制而成的混合型鲜味调料，如鸡肉味精、香菇味精等。

(4)营养强化味精:营养强化味精是由味精和某些营养素加工制成的，如赖氨酸味精、维生素 A 强化味精等。

**2.味精的作用**

味精是现代中餐烹调中应用较广的鲜味调味品，可以增进菜肴本味，促进菜肴产生鲜美滋味，增进人们的食欲，有助于对食物的消化吸收。并且可起到缓解咸味、酸味和苦味的作用，减少菜肴的某些异味。

3.影响味精呈鲜效果因素

(1)食盐

谷氨酸钠为普通味精的主要成分，对人体舌头的味受体的感觉阈值较低，并不是单纯的呈鲜味，而是酸、甜、咸、苦、鲜五味俱全，鲜味所占的比例较大(所呈 5 种不同味道的比例分别为鲜味 71.41％、咸味 13.50％、酸味 3.4％、甜味 9.8％、苦味 1.89％)。但谷氨酸钠的鲜味只有在食盐存在的情况下才能呈现出来，并且对酸味、苦味有一定的抑制作用和缓冲作用。如果在没有食盐的菜肴中加入纯味精，不但毫无鲜味，反而会使人感到一种令人不快的腥味。所以，并非味精的添加多多益善。据测定，浓度为 0.8％～1％的食盐溶液是人们感到最适的咸味。而在最适咸味的前提下，味精的添加量是有一定标准的。正确的添加味精的方法应是根据原料的多少、食盐的用量和其他调味料的用量，才能确定味精在整个菜肴中的用量。如在烹调菜肴时加入过量的味精，反而有损于菜肴应有的鲜美味。

(2)酸碱度

谷氨酸钠是一种两性分子，当溶液的 pH 值为 3.2 时，谷氨酸钠将全部以两性离子的形式存在。这时其与极性水分子之间的作用不如处于阳离子或阴离子状态时那么强烈，因此，在等电点处谷氨酸的离解度最小，呈现出的鲜味也最低。当溶液的 pH 值为 6～7 时，谷氨酸钠几乎全部电离，这时的鲜味呈味程度最高。但当溶液的 pH 值大于 7 时，溶液处于碱性条件下，谷氨酸钠会转变为谷氨酸二钠，其属于碱性化合物，是一种毫无鲜味的物质。由此可见，在酸度较高的环境中使用味精时，由于谷氨酸的形成导致酸味增强，鲜味减弱。若在碱性环境中使用，味精能生成无鲜味的谷氨酸二钠而使其失效。因此，味精应在中性或弱酸性环境中使用，其增鲜效果最好。而在制作酸碱性食品时，如制作糖、醋汁或番茄汁的菜肴不宜加入味精。谷氨酸钠中的钠活性甚高，容易与碱发生化学反应，产生一种具有不良气味的谷氨酸二钠，失去调味作用，所以碱性较强的海带、鱿鱼等菜肴不宜加味精。

(3)加热温度

味精在高温条件下，特别是被加热为 120℃以上或 100℃左右长时间加热时，都会失去结晶水而变成无水谷氨酸钠，同时有一部分无水谷氨酸钠会发生分子内脱水，生成焦谷氨酸钠，其生成不仅使味精失去鲜味，并且还会对人体产生危害。

(4)浓度

浓度不足，鲜味不强;浓度过量，味感不佳。由此可见，味精不是加得越多鲜味就越强。虽然味精本身对人体无害，但过量食用会妨碍体内氨基酸的平衡，甚至会出现过敏现象。因此,味精的使用量应视各人对味精的适应性和食品种类而定,不是越多越好,更不宜汤味不美味精凑。

4.味精使用注意事项

(1)味精的最适使用浓度为0.2%～0.5%,最适溶解温度为70℃～90℃,为此应在烹调中,菜或汤即将成熟或临出锅时再加入味精。这样既不破坏味精的鲜美特性,又使味精能迅速地溶解在汤汁中,产生鲜味。

(2)拌凉菜时,应先用少量热水将味精溶解再拌入。如果直接放入味精则会因温度低而不易溶解,这样味精的鲜味就不能充分发挥出来。

(3)在本身含谷氨酸钠较多的食品中就不必再添加味精(如禽畜肉、蛋、海鲜等)。因此在炒鸡蛋、用鸡或海鲜炖制的菜以及用高汤烹制的菜中可不加味精,否则,不仅是一种浪费,而且会影响菜肴的天然鲜味、本味。

(4)谷氨酸钠在人体代谢的时候会与血液中的锌结合,从而导致体内缺锌,因此对于哺乳期的妇女、婴幼儿来说应该尽量少吃或不吃味精。老人和儿童也不宜多食。高血压患者若食用味精过多,会使血压更高。所以,高血压患者不但要限制食盐的摄入量,而且还要严格控制味精的摄入,肾炎、水肿等疾病的病人亦如此。

5.味精的鉴别

(1)取少量味精放在舌尖上,若舌感冰凉,味精具有鲜味,无异味为合格品;若尝后有苦咸味而无鱼腥味,说明这种味精掺入了食盐;倘若尝后有冷滑、黏糊之感,并难以溶化,就是掺进了石膏或木薯淀粉。

(2)味精呈白色结晶状、粉状均匀;假味精色泽异样,粉状不均匀。

(3)味精手感柔软,无颗粒感;假味精摸上去粗糙,有明显的颗粒感。

(4)味精溶液透明无色,无泡沫,无杂质。

**(二)鸡精**

鸡精是以味精、食用盐、鸡肉(鸡骨)的粉末或其浓缩抽提物、呈味核苷酸二钠及其他辅料为原料,经混合、干燥加工而成的复合调味料。成品呈颗粒状,色乳黄,具有浓郁的鸡的鲜香风味。在烹饪中,鸡精常用于冷热菜肴、汤品、面点馅心等的赋味增鲜。

鸡精不是完全从鸡身上提取的,它是在味精的基础上加入化学调料制成的。由于核苷酸带有鸡肉的鲜味,故称鸡精。按我国制订的产品质量标准,合格的鸡精中的谷氨酸钠含量不应少于5‰,鸡精中的其他成分是核苷酸、食盐、白砂糖、鸡肉粉、糊精、香辛料、助鲜剂、香精等。我国的产品质量标准规定,每百克鸡精中的蛋白质含量不能少于10.7克。

鸡精中除含有谷氨酸钠外,更含有多种氨基酸。它是既能增加人们的食欲,又能提供一定营养的家常调味品。味精产品更加注重鲜味,所以味精含量较高;鸡精则着重产品来自鸡肉的自然鲜香,因而鸡肉粉的使用量较高。

1.鸡精与味精的区别

(1)几乎所有的菜品中都可以添加鸡精,适量加入菜肴、汤食、面食中,都可让其口味大增,在汤菜上作用较为显著。鸡精当中含有多种调味剂,味道比较综合、协调。同时也含有盐,所以用鸡精调味时菜品要少放些盐。

(2)鸡精的使用量并没有一个明确的规定,通常都是根据自己的口味添加,所以,鸡精的用量多数情况下是不同的。而味精比较纯净,用量比较稳定。

(3)味精是非常容易溶于水的,所以通常来讲,烹饪时在起锅之前加入味精效果最佳,菜肴的味道也会更加的鲜美。这是因为,味精若在水溶液中长时间加热,会生成焦谷氨酸钠,焦谷氨酸钠虽无害,但同样也没有鲜味。鸡精的用法就没那么多要求了,任何时间放到菜品中,效果都不错。

2.鸡精的鉴别

(1)包装:合格的鸡精包装应该采用三层铝箔包装。

(2)颜色:如果颜色过黄,是添加色素的缘故,优质鸡精的颜色不会加入色素。

(3)沉淀物:将鸡精放在玻璃杯中,加入开水,过一会儿,溶液变清淡,杯底沉淀物较多的为假冒或劣质的鸡精;真正的鸡精溶液则会保持较浓的状态,沉淀物较少。

(4)香味:真正的鸡精加热后香味持久,凉凉后仍有香味。

3.鸡精的保存:

鸡精含盐,吸湿性大,使用以后要注意密封,否则容易滋生细菌。

4.使用鸡精注意事项

鸡精在使用中也要注意以下几点:

(1)鸡精中含有 10% 左右的盐,所以食物在加鸡精前加盐要适量。

(2)鸡精含核苷酸,它的代谢产物就是尿酸,所以患痛风者应适量减少对其的摄入。

(3)鸡精溶解性较味精差,如在汤水中使用时,应先经溶解后再使用,只有这样才能被味觉细胞更好地感知。

(4)鸡精中含有盐,且吸湿性强,用后要注意密封,否则富含营养的鸡精会生长大量微生物而污染食物。

鸡粉

鸡粉选用鲜鸡为原料,配以多种复合调味料,经生物酶分解、真空浓缩及喷雾干燥等高新技术工艺精制而成。鸡精产品更加注重鲜味,所以味精含量较高;鸡粉则着重产品来自鸡肉的自然鲜香,因而鸡肉粉的使用量较高。目前在西方国家已有 80％左右的消费者选用鸡粉作为调味品。两类产品虽同属鲜味料，但在配料和生产工艺上有许多不同之处，不能用相同的标准来衡量。

### (三)酵母精

酵母精又称为酵母抽提物，是酵母菌经水解、精制、减压浓缩后制成的粉状、膏状或酱状制品，是继味精、水解蛋白、呈味核苷酸之后的第四代纯天然调味料。它集安全性、营养性、保健性和调味性为一体，受到人们的喜爱。

酵母精营养丰富，具有浓郁的鲜味和肉香味，口感醇润、回味绵长。此外，酵母精可明显地增强肉的成熟风味，突出动物性原料的鲜香本味，掩盖肉腥味、鱼腥味、豆腥味、涩味、苦味等异味以及减缓酸味、咸味，从而具有除异矫味的作用。在理化特性上，酵母精的品质稳定，可耐受 120℃ 的高温、冷藏后风味不受影响、耐酸。

由于具有以上的特点，酵母精的生产和应用在许多国家已有 60 多年的历史。美国食品药物管理局批准酵母精作为一种天然的风味添加剂和营养强化剂应用在多种普通食品、保健食品以及某些特种人群食品如老年食品、儿童食品等中。

目前，酵母精在我国除普遍用于食品工业中外，在烹饪中的应用处于初期阶段，如应用于菜肴的制作、火锅底料的调制等。但可以预测，酵母精在未来的几年中，将作为一种使用方便的优良鲜香调味料在烹饪中得到更多的使用，如用于高汤、面点馅心、卤汤等的调味，作为味精的替代品。需要注意的是，由于酵母精为高核酸调味品，痛风病患者应避免使用。

酵母精应置于阴凉、干燥通风处密闭保存，开袋后尽快用完，用毕扎紧袋口。

根据不同的产品和参数有不同的使用方法，切忌在没有明确使用方法时胡乱使用。

### (四)腐乳汁

腐乳也称豆腐乳，是将豆腐坯接种毛霉后，再加入香料、盐等发酵制成的佐餐食品。在发酵过程中，溢出的卤汁即腐乳汁，腐乳汁中含丰富的游离氨基酸，是传统中餐制作中使用的鲜味调味品。

腐乳汁滋味鲜美，风味独特。在烹调中具有提鲜增香、调味解腻的作用，常用于烧、蒸等方法制作的菜肴中，如腐乳鸡、腐乳鸭、乳香螺片、腐乳烧肉等；也可直接用于拌菜内和味碟中，如在涮羊肉中用来制作蘸食调料。

### (五)高汤

高汤是指以富含鲜味物质的动物或植物等原料通过长时间精心熬制，使其中所含的浸出物充分溶解于水中所形成的汤汁。由于呈鲜成分较多，所以，高汤的鲜味醇厚、回味悠长。在中餐传统烹饪中，高汤是必不可少的鲜味调味品。

根据汤汁是否澄清，可以将高汤分为白汤和清汤。白汤色白如乳、鲜香味浓，常用于高级筵席中奶汤菜肴的制作，如奶汤鱼肚、奶汤鲍鱼、白汁菜心等。清汤清澈如水、咸鲜适口，常用于高级筵席中烧、烩或汤菜的制作，如开水白菜、口蘑肝膏汤、竹荪鸽蛋、清汤鱼圆等。

### (六)蚝油

蚝油是用蚝(牡蛎)熬制而成的调味料。蚝油是广东常用的传统的鲜味调料，也是调味汁类最大宗产品之一，它以素有"海底牛奶"之称的牡蛎胨为原料，经煮熟取汁浓缩，加辅料精制而成。

蚝油味道鲜美、蚝香浓郁，黏稠适度，营养价值高，也是配制蚝油鲜菇牛肉、蚝油青菜、蚝油粉面等传统粤菜的主要配料。

蚝油用途广泛，适合烹制多种食材，如肉类、蔬菜、豆制品、菌类等，还可调拌各种面食、涮海鲜、佐餐食用等。因为蚝油是鲜味调料，所以使用范围十分广泛，凡是呈咸鲜味的菜肴均可用蚝油调味。蚝油也适合多种烹调方法，既可以直接作为调料蘸点，也可用于加热焖、扒、烧、炒、熘等，还可用于凉拌及点心肉类馅料调馅。

蚝油不仅可单独调味，还可与其他调味品配合使用。用蚝油调味切忌与辛辣调料、醋和糖共用。因为这些调料均会掩盖蚝油的鲜味和有损蚝油的特殊风味。

蚝油若在锅中久煮会失去鲜味，并使蚝香味散失。一般是在菜肴即将出锅前或出锅后趁热立即加入蚝油调味为宜，若不加热调味，则味道将逊色些，特别是焖制菜肴时，宜用中、慢火。

使用蚝油做芡汁时，需注意的方面是不能直接上芡，而应与高汤拌匀稀释制成芡汁。蚝油芡汁在菜肴八成熟时下锅最好，较易显色且蚝味香浓，切忌在炝锅操作时使用。

蚝油也是腌制食材的好调味料，可使蚝油特有的鲜味渗透原料内部，增加菜肴的口感和质感。在烹饪肉类内脏时，用蚝油腌制后，可以去除内脏的腥味，令其酱味香浓、提鲜。使用适当的蚝油腌制肉类，可去除肉腥味，补充肉类原味不足，添加菜肴的浓香，令味道更鲜美。

一般做调味用料，具有特殊的鲜味，但忌高温烹煮，否则会失去特有鲜味，营养成分散失。

### (七)虾子

虾子又叫虾蛋，是虾子的卵加工而成。虾子分海虾子、河虾子两类，凡产虾的地区都能加工虾子。每年夏秋季节为虾子加工时期。虾子及其制品均可做调味品，味道鲜美。虾子具有浓郁的鲜味，明代已有食用记载，旧时是烹调中的重要鲜味调味品,用于许多菜品或面条、馄饨等食品。

虾子以辽宁的营口、盘山,江苏的南通、东台、大丰、射阳、高邮、洪泽等地区生产较多。

虾子有两种:一种为海虾子;另一种为河虾子。海虾子以色红或金黄、粒圆、身干、味淡、无灰渣杂质为佳。一般先用清水洗去灰渣后,可用作烧豆腐、烧肉类、烧鲜菜、蒸蛋、煮汤等。

### (八)XO酱

XO酱是江苏吴江人黄炳华先生发明的一种调味料,采用精选品牌火腿肉、优选大粒瑶柱及正宗海虾米等优质原料,经过数道工序熬制而成。口味更鲜美纯正,营养再次升级,尤其适合烹制各类高档食材。XO酱首先出现于20世纪80年代中国香港一些高级酒家,并于20世纪90年代开始普及化。

"XO酱"其意为顶级酱料的意思,它效仿法国顶级酒类的称呼,而"XO酱"就是酱料里的顶级调味品了,它所使用的都是上好的原材料,因此味道也是极鲜美的。

### (九)鲍汁

鲍鱼汁是发制鲍鱼时所得的原汁,除鲍鱼外,还使用鸡肉、火腿、猪皮、味精等其他辅料经过长时间煲制而成。成品具有色泽深褐、油润爽口、味道鲜美、香气浓郁的特点。

鲍汁目前在市面上已有成品出售,不过价格较贵。对于专业的粤菜餐厅来说,由于鲍汁的需求量较大,一般都自行调制鲍汁。

干鲍鱼先用冷水浸泡两天,再用温水浸泡至稍涨,然后清洗干净,用高汤3000克,加少许橙红色素和食粉煲约两小时后捞出;火腿、猪瘦肉、猪皮、老鸡、鸡爪飞水后洗净;老姜、干葱头洗净拍破,与香葱一同入油锅中炸至干香后,捞出夹入竹网笆中;不锈钢桶用竹筷垫底,放入竹网笆,再放入火腿、猪瘦肉、鸡爪、猪皮及鲍鱼,注入剩余的高汤,用猛火烧沸后,调入蚝油、花雕酒及适量冰糖、饴糖、老抽、鸡粉,盖上盖,用小火煲8至10小时,至鲍鱼发透时,将其捞出,滗出汤汁(此时约剩8千克),用纱布过滤后即得鲍汁。将鲍汁盛入容器中,凉凉后加盖存放于冷柜中,供随时取用。

可用来捞面条、淋在饭上或炒时蔬,吃起来鲜味浓郁,别有一番滋味。鲍汁用的菜品,一般为上等的酒楼用于宴请贵宾所用,用鲍鱼肉煲汁,再用鲍鱼的汁去烧菜,档次不同,味道不同。

# 第五节 辣味调味品

辛辣味调味品简称为辣料,是指烹调中使用的具有特殊香气或刺激性成分的调味物质。辣味主要来源于一些挥发性成分,如醇、酮、酚、醚、醛、酯、萜、烃及其衍生物。在烹饪中,辣料具有赋香增香、去腥除异、添麻增辣、抑菌杀菌、赋色、防止氧化的功能。此外,有的辣料还具有特殊的生理和药理作用。

辣料大多来源于植物体的根、茎、叶、花、果实和种子,大部分为干制品,如八角、茴香、丁香、桂皮、花椒等;有的也使用鲜品,如姜、葱、蒜等。

根据辣料主要作用的不同,可分为麻辣味调味品和香味调味品两大类。麻辣味调味品是以提供麻辣味为主的辣料,有的还具有增香增色、去腥除异的作用。香味调味品又称香料,是以增香为主的辣料,根据香型不同分为芳香类、苦香类和酒香类三大类。

## 一、辣椒

辣椒,又叫番椒、海椒、辣子、辣角、秦椒等,是一种茄科辣椒属植物。辣椒属为一年或多年生草本植物。果实通常呈圆锥形或长圆形,未成熟时呈绿色,成熟后变成鲜红色、黄色或紫色,以红色最为常见。辣椒的果实因果皮含有辣椒素而有辣味。能增进食欲。辣椒中维生素C的含量在蔬菜中居第一位。

辣椒原产于拉丁美洲热带地区,原产国是墨西哥。15世纪末,哥伦布发现美洲之后把辣椒带回欧洲,并由此传播到世界其他地方,于明代传入中国。清陈淏子之《花镜》有番椒的记载,成为一种大众化蔬菜。

当辣椒的辣味刺激舌头、嘴的神经末梢,大脑会立即命令全身"戒备":心跳加速、唾液或汗液分泌增加、肠胃加倍"工作",同时释放出内啡肽。若再吃一口,脑部又会以为有痛苦袭来,释放出更多的内啡肽。持续不断释放出的内啡肽,会使人感到轻松兴奋,产生吃辣后的"快感"。吃辣椒上瘾的另一个因素是辣椒素的作用。当味觉感觉细胞接触到辣椒素后会更敏感,从而感觉食物的美味。

1.辣椒的种类

(1)长椒类

多为中早熟,植株、叶片中等,分枝性强,果多下垂,长角形,向先端尖锐,常稍弯曲,辣味强。按果形之长短,又可分为三个品种群:一是长羊角椒,果实细长,坐果数较多,味辣;二是短羊角椒,果实短角形,肉较厚,味辣;三是线辣椒,果实线形，较长大，辣味很强。可以干制、腌制或者做辣椒酱。

（2）甜柿椒类

植株中等、粗壮，叶片肥厚，长卵圆形或椭圆形，果实肥大，果肉肥厚。按果实之形状又可分为三个品种群：一是大柿子椒，中晚熟，个别品种较早熟，果实扁圆形，味甜，稍有辣味；二是大甜椒，中晚熟，抗病丰产，果实圆筒形或钝圆锥形，味甜，辣味极少；三是小圆椒，果形较小，果皮深绿而有光泽，微辣。

（3）樱桃椒类

植株中等或较矮小，分枝性强；叶片较小，圆形或椭圆形，先端较尖；果实朝上或斜生，呈樱桃形，果色有红、黄、紫，极辣。可以制干椒或者观赏。

（4）圆锥椒类

植株与樱桃椒相似；果实为圆锥形或圆筒形，多向上生长，也有下垂的，果肉较厚，辣味中等。

（5）簇生椒类

枝条密生，叶狭长，分枝性强；晚熟，耐热，抗病毒；果实簇生而向上直立，细长红色，果色深红，果肉薄，辣味甚强，油分含量高。多做干椒栽培。耐热、晚熟、抗病性强。

2.辣椒制品

辣椒是在世界范围内广泛应用的一种辣味调料，品种繁多，运用形式多样，如干辣椒、辣椒面、辣椒油、辣椒酱及泡辣椒等，是调制糊辣味、红油味、鱼香味、麻辣味、酸辣味、怪味、家常味等味型必用的调味原料。

（1）干辣椒

干辣椒又称干海椒，是用新鲜尖头辣椒的老熟果晒干而成。主产于云南、四川、重庆湖南、贵州、山东、陕西、甘肃等省区，品种有朝天椒、线形椒、羊角椒等。成品色泽红艳、肥厚油亮、辣中带香。

干辣椒在烹饪中运用极为广泛，具有去腥除异、解腻增香、提辣赋色的作用，广泛使用于荤素菜肴的制作。使用时应注意投放时机，准确掌握加热时间和油温，从而保证既突出其辣味又不失鲜艳色泽。

（2）辣椒粉

辣椒粉又称辣椒面，是用干辣椒碾磨成的一种粉面状调料。因辣椒品种和加工的方法不同，品质也有差异。选择时以色红、质细、籽少、香辣者为佳。

辣椒粉在烹调中的应用较广，不仅可以直接用于各种凉菜和热菜的调味，或用于粉末状味碟的配制，而且还是加工辣椒油的原料。

（3）辣椒油

辣椒油是一种调料，其制作方法相当讲究。一般将辣椒和各种配料用油炸后制得。用油脂将辣椒面中的呈香、呈辣和呈色物质提炼而成的油状调味品。成品色泽艳红，味香辣而平和，是广为使用的辣味调味料之一，主要用于凉菜和味碟的调味。

由于喜好不同，不同品种辣椒辣的程度不同，加油的多少和冷热程度不同，以及是否加姜、葱、花椒、桂皮，出来的味道都会有所不同。

（4）辣椒酱

辣椒酱是用辣椒制作成的酱料，是餐桌上比较常见的调味品。以湖南为多，有油制和水制两种。油制是用芝麻油和辣椒制成，颜色鲜红，上面浮着一层芝麻油，容易保存。

水制是用水和辣椒制成，颜色鲜红，加入蒜、姜、糖、盐，可以长期保存，味道更鲜美。

各个地区都有不同的地方风味辣椒酱。一般在家里制作辣椒酱，把辣椒放入锅中，炒香（不加油），碾成粉末（用刀切也可，越碎越好），花椒末（也是用不沾油的锅炒熟，有香味，然后碾成末），蒜（根据辣椒的多少和个人喜好）。锅里放入油（油的多少根据辣椒多少决定，没过辣椒就可以），直接放香油也行，加热后好点，把油放凉后，兑入辣椒里，然后搅拌，放入蒜和醋，调好后，放入玻璃瓶随吃随取，可作为凉拌菜、面条、炒菜的佐料。

（5）四川豆瓣酱

也是一种常用的辣味调料，即将鲜红辣椒剁细或切碎后，加入或不加蚕豆瓣，再配以花椒、盐、植物油脂等，然后装坛经发酵而成，为制作麻婆豆腐、豆瓣鱼、回锅肉等菜肴及调制"家常味"必备的调味料。使用时需剁细，并在温油中炒香，以使其呈色呈味更佳。

（6）泡辣椒

泡辣椒又称鱼辣子，是一种以湿态发酵方式加工而成的浸渍品，是四川泡菜的一种。常以鲜红辣椒为原料，经乳酸菌发酵而成。成品色鲜红，质地脆嫩，具有泡菜独有的鲜香风味，是调制"鱼香味"必用的调味料。使用时需将种子挤出，然后整用或切丝、切段后使用。一般需要腌制一个月左右。

（7）酢辣椒

酢辣椒是将红辣椒剁细，与糯米粉、粳米粉、食盐等调味原料拌和均匀，装坛密封发酵而成。成品辣香中带有酸味，鲜香适口。可直接炒食或作配料运用。

（8）辣椒精

辣椒精学名叫作"辣椒油树脂"，是从辣椒中提取、浓缩而得的一种产品，具有强烈的辛辣味，被用来制作食品调料。它除了含有辣椒的辛辣成分之外，还含有辣椒醇、蛋白质、果胶、多糖、辣椒红色素等百余种复杂的化学物质。辣椒精并不是一种非法添加剂，而是一种天然食品成分的提取物。辣椒精是辣椒中辣味物质的浓缩产品，它可以制造出天然辣椒所不能企及的高辣度。切勿在未稀释时直接食用。

辣椒精为黏稠状深棕色液体，味觉醇正，极其辛辣。辣椒精广泛应用于各种含辣食品的调味或用作食品厂的原料。亦可用作餐馆、食堂、家庭的常备佐料，直接用于烹饪调味，也可直接用于烹饪。尤其在卤菜和其他要求不能看到原料而能入味的食品上效果尤佳。主要用于辣味食品、辣味调味品、方便面调味料、酱菜、榨菜等。

辣椒精有两种：一种是油性辣椒精，另一种是水性辣椒精。

选择产品时，首先是确定你要用的是油溶的还是水溶的，其次是根据自己对辣度和用量的要求，选用1％到10％的产品，最后是如果产品对色泽有要求，可以选用脱色的。避光常温保存即可。

## 二、胡椒

胡椒又称木椒、浮椒、玉椒等，是胡椒科藤本植物胡椒的干燥果实和种子。胡椒为中西餐烹调中最主要的辣调味料之一，主产于马来西亚、印度尼西亚、泰国及我国的华南和西南地区。

胡椒的辣味成分主要为椒脂碱、辣椒碱，香味成分主要为大茴香萜、倍半萜烯等。由于采摘的时机和加工方式的不同，胡椒主要分为黑胡椒和白胡椒两类。黑胡椒又称黑胡，是将刚成熟或未完全成熟的果实开始变红时，剪下果穗，晒干或烘干，取下果实，因呈黑褐色，故称为黑胡椒。黑胡椒气味芳香，有刺激性，味辛辣，以粒大饱满、色黑皮皱、气味强烈者为佳；白胡椒又称白胡，是将成熟变红的果实采摘后，经水浸去皮、干燥而成，以个大、粒圆、坚实、色白、气味强烈者为佳。此外，还有绿胡椒，即将未成熟的果实采摘下来，浸渍在盐水、醋里或冻干保存而得。

在菜肴制作中，胡椒具有赋辣除异、增香提鲜的作用。适用于咸鲜或清香类菜肴、汤羹、面点、小吃中，是热菜"酸辣味"的主要调料。颗粒状胡椒常用于煮、烧、炖、卤等菜式的制作；胡椒粉的辣气味易挥发，因此，多用于菜点起锅后的调味。如清汤抄手、清炒鳝糊、白味肥肠粉、鲫鱼汤等。

## 三、芥末

芥末，又称芥子末、西洋山芋菜，芥辣粉，一般分绿芥末和黄芥末两种。黄芥末源于中国，是芥菜的种子研磨而成；绿芥末（青芥辣）源于欧洲，用辣根（马萝卜）制造，添加色素后呈绿色，其辛辣气味强于黄芥末，且有一种独特的香气。芥末微苦，辛辣芳香，对口舌有强烈刺激，味道十分独特。芥末粉润湿后有香气喷出，具有催泪性的强烈刺激性辣味，对味觉、嗅觉均有刺激作用。可用作泡菜、腌制生肉或拌沙拉时的调味品，也可与生抽一起使用，充当生鱼片的美味调料。

芥末的主要辣味成分是黑芥子苷，经酶解后所产生的挥发油（芥子油）具有强烈的刺鼻辛辣味。使用时先将芥末粉用温开水、醋调制成糊状，然后静置半个小时，再加入植物油、白糖、味精等搅匀即可。

在烹饪中，芥末多用于冷菜、冷面等的调味，成为独特的"芥末味"。代表菜式如芥末鸭掌、芥末菠菜、芥末金针菇等。此外，它也可作味碟，用于生食肉类食品的去腥除异。

芥末可用沸水泼制，搅拌均匀后，把盛芥末的容器浸泡在沸水里，凉后辛辣钻鼻。也可用凉水泼制，搅拌均匀后，把盛芥末的容器放在蒸锅里蒸 10 分钟后凉凉即可。

芥末油是以黑芥子或者白芥子经榨取而得来的一种调味汁，具有强烈的刺激味。主要辣味成分是芥子油，其辣味强烈，可刺激唾液和胃液的分泌，有开胃的作用，能增强食欲，另外还有解毒、美容养颜等功效。

芥末酱由芥末粉、山葵、辣根或其他粉类经发制、调配而成的一种常见调味品，具有强烈的刺激性气味和清爽的味觉感受，可以作为夏季凉拌菜的调料。一般分中国黄芥末酱、日式青芥辣酱、法式芥末酱和美式芥末酱等。

## 四、葱

葱是一种常见而且重要的蔬菜之一。不仅作蔬菜，而且还是调味品，属多年生草本植物、极耐寒冷，以叶和茎为其食用部分，全国各地均有栽培，一年四季均可上市。其品种有大葱、分葱、胡葱和楼葱之分。普通大葱数量最多，并有长葱白和短葱白之分，比较有名的品种有辽宁盖平大葱、北京高脚白大葱、山东莱芜鸡腿葱、河北对叶葱等。分葱辛辣味淡，以食葱叶为主。大葱按照生长时间的长短在北方地区又有羊角葱、地羊角葱、小葱、改良葱、水沟葱、青葱、老葱等品种。

葱原产自中国，分布较大，中国南北各地均有种植，国外也有栽培。

葱含有挥发性油等有效成分，因而具有刺激的辛辣味，能解热祛痰、开胃健脾；其所含的大蒜素，有抗菌、抗病毒的作用；其所含的果酸等成分有抗癌的作用。

葱在烹调中是主要作调味料，有去腥增味的作用；也可作蔬菜，适于炒、烧、扒、拌等烹调方法；还可作馅心；部分地区生食。以植株鲜嫩，香味浓郁，不带黄叶、烂叶者为佳。

葱末入油后炸香，即成葱油，是烹饪中常用的调料。葱有具有刺激性气味的挥发油和辣素，能祛除腥膻等油腻厚味菜肴中的异味，产生特殊香气，并有较强的杀菌作用，可以刺激消化液的分泌，增进食欲。葱油多用于拌食禽、蔬、肉类原料，如:葱油鸡、葱油萝卜丝等。菜肴上桌前将葱油淋在菜肴上,可以增加菜肴的清香味。

### 五、姜

又称生姜、黄姜,为姜科多年生宿根草本植物,作一年生蔬菜栽培,以其肉质根茎供食,根茎肥大,呈不规则的块状,灰黄色或土黄色。山东安丘、山东昌邑、山东莱芜、山东平度大泽山出产的大姜尤为知名。按用途可分为嫩姜和老姜,嫩姜一般水分含量多,纤维少,辛辣味淡薄,除作调味品外,可炒食、制作姜糖等;老姜水分少,辛辣味浓,主要作调味品。

在中国,生姜的食用及药用的历史很长,生姜的开发利用也比较早,主要产品有姜片、甜姜、姜酱、姜汁等,调味姜乳提取了生姜中的调味精华部分浓缩而成,外观如蛋黄色的奶油,呈膏状。使用非常方便,调味作用极强,可用于高档餐厅中。作为调味品,在调料汤中放入极少一点即可,尤其适合于海鲜宴中蘸食。

烹调用途:生姜是重要的调料品。因为其味清辣,只将食物的异味挥散,而不将食品混成辣味,宜作荤腥菜的矫味品,亦用于糕饼糖果制作,如姜饼、姜糖等。嫩姜可制作菜肴,适用于炒、拌、泡、酱制等方法,如"芽姜肉丝""瓜姜鱼丝"等;老姜主要用于矫味,起去腥膻异味的作用,常切成片或拍松使用,多作为带腥膻味原料的调味料,可除去异味、增加香味。另外,姜还是加工酱菜、姜汁、姜酒、姜油的原料。

姜醋汁是一种常用的调料,将姜和醋混合均匀即可。

以大小均匀整齐、皮薄而光滑、皮面无锈斑、质嫩、肉质细密、无烂根、无泥土者为佳。

### 六、蒜

蒜,为一年生或二年生草本植物,味辛辣,古称葫,又称葫蒜。以其鳞茎、蒜薹、幼株供食用。蒜分为大蒜、小蒜两种。多年生草本植物,百合科葱属。地下鳞茎分瓣,按皮色不同分为紫皮种和白皮种。中国原产有小蒜,蒜瓣较小。大蒜原产于欧洲南部和中亚,最早在古埃及、古罗马、古希腊等地中海沿岸国家栽培,汉代由张骞从西域引入中国陕西关中地区,后遍及全国。中国是世界上大蒜栽培面积和产量最多的国家之一。

蒜的种类的分类方法很多。一般按鳞茎的皮色可分为:白皮蒜和紫皮蒜;按蒜瓣的大小分为:大瓣蒜和小瓣蒜;按是否抽薹还可分为:有薹种和无薹种;按种植方法的不同分为:青蒜(蒜苗)和蒜黄。烹饪应用中的品种有:河北永年大蒜、河南洛渎金蒜、上海嘉定大蒜、江苏太仓白蒜、江西龙南大蒜、上高大蒜、广东金山火蒜、四川独蒜、新疆昌吉大蒜、江苏柳州大蒜、山东苍山大蒜等。

大蒜味辛，性温，入脾、胃、肺，有暖脾胃、消症积、解毒、杀虫的功效。蒜中含硫挥发物 43 种，硫化亚磺酸（如大蒜素）酯类 13 种、氨基酸 9 种、肽类 8 种、甙类 12 种、酶类 11 种。

大蒜可生食、捣泥食、腌制、泡制、煨食，在菜肴成熟起锅前，放入一些蒜末，可增加菜肴美味。做凉拌菜时加入一些蒜泥，可使香辣味更浓。

# 第六节　香味调味品

香料有非常多的种类，按照不同的划分方式能划分为不同的类别。香料可以分为天然香料和合成香料，这是按照原料来源划分的。

天然香料一般都是以动植物的有芳香味道的部位为原料，简单加工或者是深加工制成。像香木片、香木块等都是简单加工的，保留了植物的大多原态。精油、香膏等则是通过蒸馏、压榨等物理方法从天然原料里提炼出来的芳香物质。

香料植物有很多，不同的植物能制香的部位也不一样，树根、树干、茎、枝、叶、皮、花、果实或树脂等都能制香。取自动物的香料大多是它们的分泌物或者是排泄物，有十多种，比如麝香、龙涎香、海狸香和灵猫香等。

合成香料大多是以化学合成方法通过煤化工产品、石油化工产品等制取的有香味的化合物。目前合成香料达5000多种，常用的有400多种。

香料可以分为可食用的香料和不可食用的，可食用的香料大多是做菜的调味品和给糖果等食品增香增味的。不可食用的香料则用于日常用品，比如洗涤剂、化妆品、熏香和香水等，还有一些是用在工业生产的，比如塑料、油墨、除臭剂等。

香辛味调味品常简称为香辛料，是指烹调中使用的具有特殊香气或刺激性成分的调味物质。有着赋香增香、去腥除异、增添麻辣、抑菌杀菌、赋色的作用，有的香辛料还具有特殊的生理和药理作用。

香味调味品是指各种香气浓厚的调味品，具有增加菜点香味、压异矫味的作用。产生香味的物质主要是挥发性的芳香醇、芳香醛、芳香酮、芳香醚及酯类、萜烃类等化合物。

## 一、香味调味品的分类

香料大多来源于植物体的根、茎、叶、花、果实和种子，大部分为干制品，如八角、茴香、丁香、桂皮、花椒等；有的也使用鲜品，如姜、葱、蒜等。

根据在烹调中主要作用的不同将其分为两大类，即麻辣味调味品和香味调味品。麻辣味调味品是以提供麻辣味为主的香辛料，如辣椒、豆瓣酱、花椒、胡椒、咖喱粉、芥末粉等，同时具有增香增色、去腥除异的作用。

香味调味品是以增香为主的香辛料，又简称香料。根据香型不同又分为：

(1)芳香类：是香味的主要来源，味道纯正，芳香浓郁。如八角、小茴香、桂皮、丁香、芝麻油等。

（2）苦香类：为香中带苦的香辛料。如陈皮、豆蔻、草果、茶叶、苦杏仁等。

（3）酒香类：为具有浓郁醇香的香辛料。如黄酒、香糟、果酒等。

## 二、香味调味品的使用原则

使用香料时，应根据主辅料的不同情况、菜肴的质量要求和烹调方法的不同选择具体的香辛料品种和形式，以求较好的风味效果。为了达到对香辛料合理使用的目的，应遵循以下使用香辛料的原则。

1.根据香料香味的浓郁程度来确定用量。在烹制菜肴时宜少放为好，尤其是芳香味重的香料，用量不能过大，否则压抑主味，甚至产生药味感。

2.由于香味调料之间有"香味相乘"的作用，所以混合使用比单独使用的效果好，但有时也会产生相克作用。

3.用一些小颗粒的香料时，为了不影响菜肴的美观，应用纱布或香料球包裹后使用。

4.根据菜肴的要求灵活选择运用形式。目前香料的运用形式有整体、粉末、油脂性抽取物及用先进工艺制成的微胶囊等。在烧、炖、卤、煮等菜品中一般用整体状的；烤、拌菜品中可用粉状、油状的。若要使粉末状香料产生强烈的香味，可于菜肴出锅前撒入。

5.香料较常用于抑制、消除动物性原料的腥臭味；有时也用于植物性原料的增香赋味。

6.香调味料在保存时应特别注意防潮防霉，最好能密闭储藏，以防止香气散失及串味现象的发生。

## 三、香味调味品的常见种类

### （一）麻辣味调味品

麻辣味调味品是中餐烹饪中使用较为广泛的调味品。麻辣味的产生是舌、口腔和鼻黏膜受某些辛辣物质刺激所产生的麻醉感和烧灼感。辣味的呈味物质主要有辣椒碱、椒脂碱、姜黄酮、姜辛素、烯丙基异硫氰酸酯及大蒜素等。辣味可分为主要作用于口腔的热辣味（主要作用于口腔，如辣椒、大蒜的辣味）和同时作用于口腔以及鼻腔的辛辣味（不但作用于口腔，还作用于鼻腔，如芥末、辣根、大葱等）。前者如辣椒、大蒜的辣味，后者如芥末、胡椒、辣根、大葱的辣味。麻味的呈味成分主要是山椒素，以花椒为代表。此外，产于法国、西班牙麝香草的种子也有麻味。

在烹饪中，麻味和辣味不能单独呈味，需与其他调味料配制成复合味。

1.花椒

花椒又称山椒、秦椒、蜀椒，是芸香科植物花椒的果实，其叶也可作调味品。

原产于我国北部和西南部,以四川汉源、西昌等地所产品质优良。

花椒的果实为蓇葖果,圆球形,幼果绿色,成熟时呈红色或酱红色。果皮具有特殊的香气和强烈持久的麻味。其香味来自花椒油香烃、水芹香烃、天竺葵醇、香茅醇等挥发油;麻味来自山椒素。选择时以色红、果皮细腻、香麻浓郁、籽少者为佳。

在烹调中,花椒除颗粒状外,常加工成花椒面、花椒油等形式,是调制麻辣味、糊辣味、葱椒味、椒麻味、怪味等味型必用的调味品,适用于炒、炝、炖、烧、烩、蒸等多种成菜方法,还可作为面点、小吃的调料,或配制粉末状味碟,如椒盐碟、麻辣碟等。

**2.甘松**

甘松是一种提味香料之一,香味浓厚,有麻味,特别是针对牛羊肉除异解膻的必用原料,卤盐水鹅必须要有,控制在 5 克以内。略呈圆锥形,多弯曲,长 5～18 厘米。根茎短小,上端有茎、叶残基,呈狭长的膜质片状或纤维状。外层黑棕色,内层棕色或黄色。根单一或数条交结、分枝或并列,直径 0.3～1 厘米。表面棕褐色,皱缩,有细根和须根。质松脆,易折断,断面粗糙,皮部深棕色,常呈裂片状,木部黄白色。气味特异,味苦而辛,有清凉感。春秋二季采挖,除去泥沙和杂质,晒干或阴干。

**(二)香味调味品**

香味调味品是指用来增加菜品香味的各种香气浓厚的调味品,而且具有压异、矫味的作用。香味主要来源于挥发性的芳香醇、芳香醛、芳香酮、芳香醚及酯类、萜烃类等化合物。

烹饪中运用的香味调料现已达 120 多种。在应用过程中,芳香类、苦香类调料有时单独使用,有时混合使用;可单独或按一定比例混合后磨粉、制酱、浸油后使用;多数用于酱、卤菜中,也可在炒、炸、烧、炸收等菜肴中使用,还可用于调制凉拌菜的味汁或蘸汁,而花香味的芳香料多用于甜菜、甜点、小吃等。酒香类调料除多用于矫味外,还可制作糟醉菜肴及其他带酒香的菜肴。此外,荷叶、箬叶、香竹筒等清香宜人,可赋予菜肴清雅的香味,并常作为包卷料使用。

**1.芳香类调味品**

芳香类调味品是香味的主要来源,广泛存在于植物的花、果、种子、树皮、叶等部位。气味纯正,芳香浓郁。在烹饪中具有去腥除异、增香的作用。香辛料由于含水量较低,本身又含有芳香油,具有一定的防腐作用,因此较易贮存保管。但若包装不妥,保管不善,贮存期过长,吸潮后也会造成霉变,产生异味,所以环境要凉爽干燥,相对湿度应控制在 60～65 之间;专库保管,不得和带有异味的物品混合存放,以勉发生串味,影响其本身纯正香味;香辛料中所含的芳香油,多属于低沸点的挥发性物质，在高温下容易挥发散失，使其香味下降，因此要相应控制库房温度；香辛料干硬发脆，在装运和保管中，应防摔防压以减少破损。

（1）八角

八角又称大茴香、大料、八角茴香等，为木兰科植物八角茴香的干燥果实。为我国特有香料，主产于广东、广西以及西南等地。

八角为6～11个蓇葖果聚集成的聚合蓇葖果，蓇葖顶端钝或钝尖，稍有些反曲。每一蓇葖内含一粒种子，直径约3.5厘米，色紫褐或浅褐，味道微辣并带有甜味。其香气主要来源于茴香脑。在炖、焖、烧、卤等成菜方式中以及制作冷菜时，常用八角来增香去异，调剂风味。同时，八角也是配制复合调料如五香粉、十三香等的重要原料。

需注意同属的东毒茴、莽草等的聚合蓇葖果均有剧毒，若误食，则会危及生命。

（2）小茴香

小茴香又称茴香、小茴、谷茴香、小香等，为伞形科多年生宿根草本植物茴香的果实。原产于地中海地区，现我国普遍栽培。

小茴香的双悬果呈椭圆形，形如稻粒，黄绿色，果棱尖锐。小茴香气味芳香，所含挥发油成分主要为茴香醚、小茴香酮、茴香醛等。烹调中主要用于烧、卤菜式的制作，并作为配制复合调料的重要原料。

（3）丁香

丁香又称丁香子、鸡舌，为桃金娘科常绿小乔木丁香的干燥花蕾，原产于印度尼西亚马鲁古群岛，现世界许多国家都有栽培。

当丁香花蕾长约1.5厘米、颜色已变红但未开放时，将其干制即得到铁钉状的干燥花蕾。精油的主要成分为丁香酚、乙酸酯、石竹烯等。具有浓烈的特殊性香气、一定的辛辣味和苦味，但加热后味道会变柔和。烹饪中常用于配制卤汤、制作卤菜，或用于菜肴的制作，如丁香鸭子、玫瑰肉、荷叶粉蒸肉等，并作为配制复合调料的重要原料。使用中应注意：丁香的香味十分浓郁，用量不宜过大。

（4）香叶

香叶，又称月桂叶，为樟科月桂树属常绿小乔木月桂的树叶，原产于地中海地区沿岸和南欧一带。

香叶的叶片革质，长椭圆形，边缘呈波状，两面无毛。叶具有丰富的油腺，揉碎后，散发出清香的香气。月桂的树皮也是甘甜、温和、芳香的调味香料，剥下晒干后成为细长且两边卷起的形态。叶及树皮所含精油的主要成分为桉叶素及芳樟醇、丁香酚和柠檬醛等。在烹饪中常用于肉类、鱼类的烹制，具有去腥除异增香的作用。

（5）芝麻及其制品

芝麻又称乌麻、油麻、脂麻、胡麻等，为脂麻科一年生草本植物芝麻的种子，原产于非洲，现我国广泛栽培。芝麻的种子有黑、白、红三种。除作为加工芝麻油、芝麻酱的原料外，也可以直接食用，如制作糕点、元宵等的馅料，点心、烧饼的面料，也可作为菜肴的原料，如芝麻羊肉丸子、芝麻肉排等。

芝麻酱又称麻酱，是选用上等芝麻，经筛选、水洗、焙炒、风净、磨酱等工序制作而成。成品色浅灰黄，质地细腻，富含脂肪、蛋白质和多种氨基酸，具有浓郁的芝麻油香味。在烹饪中用于凉拌菜肴、面条，或作为烙饼、花卷的馅料以及涮羊肉等的蘸料，也可用于菜肴的调味，如麻酱鲍鱼、麻酱海参等。

芝麻油又称香油、乌麻油、麻油等，是从芝麻籽中提炼出来的脂肪。因加工方法的不同，可分为小磨香油和大槽麻油。前者色深黄，有浓烈的悦人油香，多用于菜点、汤品、馅料的增香，但用量不宜过大，且在热菜起锅时淋入；后者色较浅，香味较淡，可作为烹调用油。

（6）孜然

孜然又称安息茴香，为伞形科草本植物安息茴香的种子。主产于新疆南部地区。

孜然的双悬果形似小茴香，黄绿色，具有浓烈的特殊性香气。烹饪中常用于牛、羊肉菜式的去膻、除异、增香，如手抓饭、烩羊肉；现也多用于烧烤品中，如烤羊肉串、烤里脊等。可整粒使用于炖、烧菜式中，但多碾成粉末状成菜后加入。

（7）蜜玫瑰

蜜玫瑰是将蔷薇科植物玫瑰的花朵用糖渍制而成的花香调味品，含有玫瑰油、丁香油酚、香茅醇等成分，有浓郁的芳香味。在烹饪中一般用作甜点、甜菜、小吃及糕点馅的增香赋甜料，如元宵馅、玫瑰八宝馅、冰粉、玫瑰甑糕等。

（8）姜黄

姜黄为姜科多年生草本植物姜黄的根状茎。原产亚洲南部，我国东南部至西南部均有分布。

姜黄的根状茎由于含姜黄色素，而呈黄色；并因含主要成分为姜黄酮、姜黄醇和姜黄烯醇的挥发油而具有香气。可作为芳香调味料使用，也是制作咖喱粉的基本原料，并且可用于蜜饯、果脯、腌菜、牛肉干等的上色。同属的郁金、阿马达姜黄和青灰姜黄等有相同的用处。

（9）紫苏

紫苏又称为白苏，为伞形科一年生草本植物紫苏的茎叶体。原产于我国、日本、印度等国家。

紫苏茎高 0.3～2.0 米，具长茸毛，多分枝；叶片宽卵形或圆形，长 7～13 厘米，宽约 7 厘米，紫色或背面紫色，叶面较皱缩且被疏柔毛。鲜叶片及嫩茎中含有特殊的芳香挥发油，主要成分为紫苏醛、紫苏酮、柠檬烯等。烹饪中以其鲜品或干品用于菜肴的增香，常用于鱼蟹类菜式中。

（10）高良姜

高良姜又称良姜、佛手根、蛮姜等，为姜科多年生植物高良姜的根状茎。分布于我国广东、广西、云南以及台湾地区等地。

高良姜的根状茎外皮呈红棕色，具有独特香味。烹饪中作为卤水的调味配料，或用于复合调味料的配制。

（11）香菜籽

香菜籽也就是香菜的果实，一般当香菜长至开出白色小花后，过不久就会结出果实。呈双圆球形，表面淡黄棕色，成熟果实坚硬，带有花纹，气芳香，带有温和的芳香和鼠尾草以及柠檬的混合味道。当种子变为褐色的时候就可以采收了，经脱粒、晒干提取呈香物质，原产于地中海沿岸。常用于腌制食物，磨成的细粉可用于许多食品调味中，是烹调的理想香料之一，也是调配咖喱的原料之一。

主要用于黑麦面包、卷心菜、猪肉、奶酪品等。

（12）莳萝籽

一年或二年生草本。茎直立，平滑。叶互生，具长柄，二或三回羽状全裂，未回裂片线形。复伞形花序，花冠黄色。双悬果椭圆形，外面棕黄色，两侧肋线呈翅状，肋线间具油管。种子椭圆形。花期夏季。原产于欧洲南部，现今世界各地广泛栽培。我国除栽培外，亦有野生。嫩茎和叶可即时采作鲜用。采集种子者则于果实成熟后收取果枝，晒干，打下果实，去净杂质，再晒至干透为度，种子可整粒或碾碎备用。使用部分为伞形科植物莳萝的嫩茎叶及种子。它的味道和葛缕子有点相似，主要和鱼一起烹调。

可直接用作汤、色拉、肉类等菜肴中的配菜，常在面包、蔬菜，尤其是黄瓜、马铃薯、腌菜及鱼类食品中应用，莳萝叶作鱼类佐料时，可使鱼肉滑嫩爽口，有助于消化，莳萝又有"鱼之香草"之称。莳萝籽干燥磨粉后用作杏辛料，可添加在调味汁、红肠、面包、咖喱粉或腌制品中调香。为意大利菜肴的主要香料。鲜茎叶切碎，作色拉、海鲜及汤类的增香调料。种子为调味香辛料，亦可加入整粒种子于泡菜中，以增风味。

（13）甘草

甘草为多年生草本，是豆科植物甘草、光果甘草或胀果甘草的根及根茎。在亚洲、欧洲、澳大利亚、美洲等地都有分布（并大都有传统的药用和其他用途）。在我国主要分布于新疆、内蒙古、宁夏、甘肃、山西朔州等地，以野生为主。人工种植甘草主产于新疆、内蒙古、甘肃的河西走廊、陇西的周边、宁夏部分地区。光果甘草生于荒漠或带盐碱草原、撂荒地，分布于新疆、青海、甘肃；胀果甘草生于盐渍化土壤处，分布于新疆、甘肃等地。秋季采挖，除去头、茎基、枝杈、须根，截成适当长短的段，晒至半干或全干。

（14）黑种草

黑种草，一年生植物，原产于地中海地区。黑种草的果实是球状的蒴果。有坚果、胡椒的辛辣味道，常用于蔬菜、豆类和面包，如印度烤饼等。

（15）山葵

山葵，十字花科，是一种生长于海拔 1300～2500 米高寒山区林荫下的珍稀辛香植物蔬菜。山葵是当今世界上所发现的一种特殊的食用保健植物，在国际市场上是极为珍贵的调味食品。由于山葵生长条件特殊、适宜生长种植的地方有限，现在国际市场上的山葵产品极为稀缺。山葵不但口感好，有丰富的营养成分，还含有免疫调节作用和抗菌、抗癌、抗氧化等多种药理作用。

同类香辛类调味品还有两种，一是制造芥末的芥菜类蔬菜（包括十字花科的某些植物种子），二是制造青芥辣的辣根。

（16）多香果

多香果是一种桃金娘科的高大常绿乔木。主产地为牙买加、古巴等中南美洲国家，是只有在美洲大陆才能培育的植物。喜生于酷热及干旱地区。棕色小干果仁，收采后于酷日下晒干至果皮红棕色。干燥后种子产生类似肉桂、丁香和肉豆蔻的混合芳香气味，故称多香果。

主要用于派和布丁等。

（17）茴芹籽

茴芹，为伞形科茴芹属一年生草本植物，栽培收获其有甘草香味的果实（茴芹籽）。果实近卵圆形。原产于埃及和地中海东部地区，栽培于欧洲、俄罗斯南部、近东、北非、巴基斯坦、中国、墨西哥、美国。种子可作为食品的调味料及药用，幼苗可作青菜或沙拉配菜用。

主要用于饼干、面包和西点等。

（18）小茴香籽

小茴香籽，别名茴香、小茴、小香、角茴香、谷茴香。像香菜籽的小籽，颜色较淡些，果实含有挥发油，其主要成分为反茴香脑和小茴香酮。此外还含有脂肪酸、膳食纤维、茴香脑、小茴香酮和茴香醛等，其香气主要来自茴香酮和茴香醛等香味物质。

主要用于咖喱和辣椒面的配料。

（19）芥末籽

芥末籽又分黑、白、褐色三大类，白色通常用来腌制或酱制、炖煮食物；黑色、褐色则用于爆香、烧烤等料理方式。除了芥末籽之外，芥末的叶子在欧洲也是相当常见的沙拉食材之一。芥末籽闻起来没什么味道，但加热过或磨碎的芥末籽味道会相当浓郁，且滋味也会变得呛辣。

主要用于奶酪、沙司和肉汁等。

（20）辛夷

辛夷又名白玉兰、望春花，木兰科木兰属植物，为中国特有植物。辛夷为常用中药，以干燥的花蕾供药用，具有温肺通窍、祛风散寒等功效。生长于较温暖地区。原分布于湖北、安徽、浙江、福建一带，野生较少，在山东、四川、江西、湖北、云南、陕西南部、河南等地广泛栽培。产于河南及湖北者质量最佳，销往全国并出口。安徽产品集中于安庆，称安春花，质量较次。芳香四溢，是卤菜烤肉的必备材料。

（21）阳春砂

阳春砂，多年生草本。其干燥成熟果实砂仁可做中药材。种子含淡无色挥发油，油中含乙酸龙脑酯、樟脑、樟烯、柠檬烯、β－蒎烯、苦橙油醇等；另含黄酮类成分。具有化湿开胃、温脾止泻、理气安胎的功能。主产于广东、云南、广西、贵州、四川、福建等省区。有增香的作用，是腌制卤菜的佳品。

（22）当归

别名干归、秦哪、西当归、岷当归、金当归、当归身、涵归尾、文无、当归曲、土当归，多年生草本，高 0.4～1 米。花期 6～7 月，果期 7～9 月。

中国 1957 年从欧洲引种欧当归。主产于甘肃东南部，以岷县产量多，质量好，其次为云南、四川、陕西、湖北等省，均为栽培，国内其他省区也已引种栽培。

其根可入药，是最常用的中药之一。具有补气活血，调经止痛，润燥滑肠、抗癌、抗老防老、免疫之功效。具有很足的药香味，吃起来先有甜味，然后就是麻，可以当作花椒用。卤菜中常用。

（23）党参

根略呈圆柱形、纺锤状圆柱形或长圆锥形，少分枝或中部以下分枝，长 15～45 厘米，直径 0.45～2.5 厘米。表面灰黄色、灰棕色或红棕色，有不规则纵沟及皱缩，疏生横长皮孔，上部多环状皱纹。气微香，味甜，嚼之无渣，味苦，去腥，增加口感。以根条肥大粗壮、肉质柔阔、香气浓、甜味重、嚼之无渣者为佳。

（24）木香

木香为菊科植物木香的根，圆柱形或平圆柱形。表面黄棕色、灰褐色或棕褐色，栓皮大多已除去，有明纵沟及侧根痕，有时可见网状纹理。气味芳香浓烈而特异，味先甜后苦，主治行气止痛、健脾消食。

云木香产于中国云南丽江地区；川木香主产于四川安县、阿坝藏族自治州、凉山彝族自治州；广木香过去曾由印度、缅甸等地经广州进口，故称"广木香"。

需秋、冬二季采挖,除去泥沙及须根,切段,纵剖成瓣,干燥后撞去粗皮。以香气浓郁者为佳,味道辛香、苦,增加香味。

(25)栀子

别名黄栀子、山栀、白蟾,是茜草科植物栀子的果实。栀子的果实是传统中药,属原卫生部颁布的第1批药食两用资源,具有护肝、利胆、降压、镇静、止血、消肿等作用。在中医临床常用于治疗黄疸型肝炎、扭挫伤、高血压、糖尿病等症。有轻微甘草的味道,入口微苦,只能增色,增香去异作用微小。

(26)积壳

积壳又名枳壳,主要用黄皮酸橙的果实制成,为酸橙的一个品种,主产于湖北西部、湖南、贵州东部,湖南的主产区在沅江一带及西部各地。可生产配制饮料、罐头、蜜饯,也可制成甜蜜果酱。酸橙皮可提炼芳香油和果胶、果冻。有去腥、增香作用。

(27)决明子

决明子,中药名。是豆科植物决明或小决明的干燥成熟种子,以其有明目之功而名之。秋季采收成熟果实,晒干,打下种子,除去杂质。决明子味苦、甘、咸,性微寒,入肝、肾、大肠经;润肠通便,降脂明目,治疗便秘及高血脂、高血压。清肝明目,利水通便,有缓泻作用。长江以南地区都有种植,主产于安徽、广西、四川、浙江、广东等地,主要用于卤菜调味。

(28)罗汉果

罗汉果,葫芦科多年生藤本植物的果实。别名拉汗果、假苦瓜、光果木鳖、金不换、罗汉表、裸龟巴,被人们誉为"神仙果",其叶心形,雌雄异株,夏季开花,秋天结果。主要产于广西壮族自治区桂林市永福县龙江乡、龙胜和百寿等地,是桂林名贵的土特产,其主要功效是能止咳化痰。果实营养价值很高,含丰富的维生素 C 以及糖武、果糖、葡萄糖、蛋白质、脂类等。味甜,味食香料,去腥,增加菜的色相。作为调味品用于炖品、清汤及制糕点、糖果、饼干。除干果出口外,制品尚有冲剂、糖浆、果精、止咳露和浓缩果露等。

(29)五加皮

五加皮,别名刺五加。在中医当中,以它的干燥根皮作为入药部位,并认为其性温味辛、苦,有祛风湿、活血脉、补肝肾、强筋骨的功效,临床上主治风寒湿痹、腰膝疼痛以及跌打损伤等疾病症状。分布于中国黑龙江、吉林、辽宁、河北和山西,生于山坡林中及路旁灌丛中,药圃常有栽培。具有去腥的作用。

(30)排草

排草,又名香排香、排香草、香草。喜生长于山地斜坡草丛中,茂密的林边及林下。排草是唇形科异唇花属的多年生草本植物。根部芳香,味淡,性温,具有辟臭、祛风、理气、消肿等效用,又可防腐,兼作香料,是国产固本药酒的重要原料。

具有增香作用，卤料中一定要有的。排草作为一种香料，在麻辣火锅和卤水中被普遍使用。

（31）千里香

又称七里香、万里香、九秋香、九树香、过山香、黄金桂、青木香、月橘。为芸香科小乔木或灌木。以叶和带叶嫩枝入药，药材名九里香，具有行气止痛、活血散瘀的功效，主治胃痛、风湿痹痛、跌打损伤等症。生于疏林中或干燥的坡地，分布于广东、福建、海南及广西、湖南、贵州、云南四省、自治区南部。味微辛，苦而麻辣。作调味料，可去异味，增香辛。用于配制各种卤汤及腌制卤牛肉、羊肉之用。

（32）沉香

为瑞香科植物白木香含有树脂的木材。分布于广东、海南、广西、福建等地。具有行气止痛、温中止呕、纳气平喘之功效。常用于胸腹胀闷疼痛，胃寒呕吐呃逆，肾虚气逆喘急。作为调味香料，具有增加辛香的作用。

（33）香果

香果，又名川芎、芎藭、胡藭、马衔。伞形科，藁本属多年生草本，高40～60厘米。根茎发达，形成不规则的结节状拳形团块，一种中药植物，常用于根茎供药用，功能行气开郁，祛风燥湿，活血止痛，治头痛眩晕、肋痛腹疼、经闭、难产、痈疽疮疡等症。主要栽培于四川、云南、贵州、广西、湖北等地。作为香辛料，整粒品作为汤类、烹饪、腌制等用，粉状品常用于水果蛋糕、香肠等。

（34）食用香精

食用香精在食品工业中是一种重要的添加剂，主要用来掩盖原料自身的不良气味，以及增加食品的香味。例如制作蛋糕、饼干时经常使用的杏仁香精、桂花香精，制作凉糕时使用的薄荷香精等。

在烹饪中，当大批量制作凉菜或兑制热菜调味汁、制作酱卤类制品时，也可运用食用香精来调味增香，如玫瑰兔丁、桂花肚等。在运用食用香精时，一定要严格按照比例，不可用量过大，否则容易使菜肴香味过浓，无法食用。

2.苦香类调味品

苦味是一种基本味。在自然界中，苦味调味原料有很多，如陈皮、白豆蔻、草果、肉豆蔻、茶叶等。苦味物质主要为生物碱、苷类、内脂和肽类等。如草果、陈皮、白豆蔻、草豆蔻、肉豆蔻、砂仁、山柰、茶叶、苦豆等。

（1）白豆蔻

白豆蔻，也称为豆蔻、壳蔻、白蔻仁、蔻米等，为姜科多年生常绿草本豆蔻的果实。我国广东、广西、云南、贵州等地都有分布。

白豆蔻的蒴果卵圆形，种子暗棕色。含有豆蔻素、丁香酚、松油醇等成分。芳香苦辛。可以用来去异味、增辛香，还可以用来配制各种酱汤供酱牛肉、卤猪肉、烧鸡之用,也是咖喱粉的原料之一。

(2)草豆蔻

草豆蔻也称为漏蔻、草寇、大草蔻、偶子、草蔻仁、飞雷子等,为姜科多年生草本植物草豆蔻的果实,产于我国广东、广西。

草豆蔻的蒴果球形,直径约3厘米,熟时金黄色,具有芳香、苦辣的风味。常用来去除原料的异味,增加香味。多用于制作卤汤、卤菜,如酱牛肉、卤猪肝、卤鸡翅、烧鸡、卤豆腐等。中医认为其味辛,性温,可以温中燥湿、祛寒行气。

(3)肉豆蔻

肉豆蔻又名肉果,为肉豆蔻科常绿乔木肉豆蔻的果实。原产于印度尼西亚马鲁古群岛,在热带地区广为栽培。

肉豆蔻的果实近球形,果皮带红色或黄色,成熟后裂为两半,露出深红色的假种皮称为肉豆蔻衣,其内有坚硬的种皮和种子。肉豆蔻衣和种子均具有略带甜苦味的浓烈的香气。香味来源比较复杂,主要有肉豆蔻醚等香味物质。烹饪和食品加工中作为调味香料运用于卤、烧、蒸等成菜方式中,常与其他香味调料如花椒、丁香、陈皮等配合使用。

(4)砂仁

砂仁,又称缩砂仁、春砂仁等,为姜科多年生草本植物砂仁的果实。我国广东、广西、云南和福建等地均有出产。

砂仁的蒴果长圆形,紫色,干燥后为褐色。常用的有三种,即阳春砂(产于广东阳春等地)、海南砂(产于海南等地)、缩砂(产于泰国、缅甸等地)。

砂仁的果实芳香浓烈,香味成分主要有右旋樟脑、龙脑、乙酸龙脑酯、芳香醇、橙花醇等。烹饪中用于制卤菜、配卤汤以及炖、焖、烧等成菜方式。代表菜式如砂仁肘子、砂仁蒸猪腰等。

(5)草果

草果,又称草果仁、草果子,为姜科多年生丛生草本植物草果的果实。我国云南、贵州、广西以及东南亚地区均有出产。

草果的蒴果卵状椭圆形,成熟后为红色,含有芳樟醇、苯酮等成分。味辣而稍有甜味,具有浓烈的苦香味。选择时以果大饱满、色泽红润、香味浓郁、无异味者为佳。

草果是烹饪中常用的一种香料调味料,多用于制作火锅汤料、卤汤、复制酱油等,也可用于烧菜及拌菜,如草果煲牛肉、果仁排骨等。此外,草果对兔肉的草腥味具有很好的去除作用。在使用时可拍破后用纱布包裹,以利于香气外溢。

(6)山柰

山柰,又称砂姜、山辣、山柰子等,为姜科多年生宿根草本植物山柰的干燥地下块状根茎。原产于印度，我国广东、广西、云南等地均有栽培。

山柰的根茎呈黄色。多切片晒制成干片后使用。味浓辣，具有独特的香气，香味成分主要为龙脑、桉油精、香豆精类等。选择时以身干、色白、片大、厚薄均匀、芳香者为佳。

山柰在烹调中多用于肉类的去腥除异增香，是制作卤汤、酱汤的重要调味料，成菜风味别致。但用量不宜过大，否则苦味明显。

（7）白芷

白芷，又称芳香、泽芬、香白芷等，为伞形科草本植物兴安白芷、杭白芷、川白芷等的干燥根。主产于我国北部、中部至东部。

白芷的根苦香浓烈。苦香成分主要为白芷醚、香柠檬内酯、挥发油、白芷毒素、白芷素等。烹饪中多用于肉类原料的去腥除异增香，常用于卤、酱类菜的香味配料，也可用于菜肴的烹制，如川芎白芷鱼头等。

（8）荜拨

荜拨又称鼠尾、补丫、椹圣等，为胡椒科多年生藤本植物荜拨的果实。原产于印度尼西亚、越南、菲律宾，我国产于云南、贵州、广西等地。

荜拨的果为小浆果，聚生于穗状花序上，干燥后为细长的果穗。具有类似于胡椒的特殊香气，并有一定的辛辣味。含胡椒碱、棕榈酸、四氢胡椒酸、芝麻素等呈香成分。烹调中具有矫味、增香、除异的作用，多用于烧、烤、烩等成菜方式和制作卤汤。代表菜点如荜拨鱼头、荜拨鲫鱼羹、荜拨粥等。

（9）茶叶

茶叶是以山茶科多年生常绿木本植物茶的鲜嫩叶芽加工干燥制成的日常冲泡饮品。由于生长环境及加工制作方法的不同，茶叶的品种繁多，名茶如西湖龙井、黄山毛峰、洞庭湖碧螺春、河南信阳毛尖、庐山云雾茶等。茶叶中含有茶多酚、生物碱和多种芳香成分，具有提神醒脑、利尿强心、生津止渴、醒酒解毒、降血压等作用。

因茶叶具有独特的清香苦味，在烹饪中可作为主料、配料成菜，如云雾大虾、花茶鸡柳、红茶焗肥鸡、碧螺春饺、新茶煎牛排、龙井余鲍鱼等；作为调味料可直接用于菜肴、小吃的调味，如五香茶叶蛋；或用作熏料加工制作特色菜品，如四川的樟茶鸭、安徽的茶叶熏鸡等。此外，茶叶也是少数民族制作酥油茶、奶茶等的必用原料。

3.酒香类调味品

酒在人类的日常生活中既是饮品，又是烹调中常用的重要调味料。按生产工艺的特点，将酒分为蒸馏酒、发酵酒和配制酒三类；按酒度高低不同，可分为低度酒和高度酒两类。

酒中的主要成分是乙醇，此外还含有其他的高级醇、酯类、单双糖、氨基酸等多种成分,具有去腥除异、增香增色、助味渗透的作用。由于低度酒中的呈香成分多,酒精含量低,营养价值较高,所以常作为烹调用酒,如黄酒、葡萄酒、啤酒、醪糟等。高度酒多用于一些特殊菜式的制作,如茅台酒、五粮液、汾酒等。

（1）黄酒

黄酒又称料酒、老酒、绍酒,是以糯米和黍米为原料,加麦曲和酒药经发酵制得的一种低浓度压榨酒。黄酒为我国的特产酒类,已有数千年的历史,还具有增色的作用。肉、脏腑、鱼类等的组织中和鱼类身体表面的黏液里含有腥臊异味,这些物质在加热时能被酒中的酒精所溶解,并随气化的酒精一起挥发,这样就去除腥味;黄酒中的氨基酸还能与糖结合成芳香醛,产生诱人的香气,如制作酒焖肉;在烹饪肉、禽、蛋等菜肴时,调入黄酒能渗透到食物组织内部,溶解微量的有机物质,从而使菜肴质地松嫩;黄酒中还含有多种维生素和微量元素,而且使菜肴的营养更加丰富;黄酒还可作为药引子食用。另外,温饮黄酒,可帮助血液循环,促进新陈代谢,具有补血养颜,活血祛寒,通经活络,能有效抵御寒冷刺激,预防感冒。

（2）醪糟

醪糟又称酒酿、米酒、甜酒酿等,是以糯米为原料,经曲霉、根霉、酵母等发酵酿制而成的食品。成品色白汁浓、味甘醇香,营养丰富。既可直接食用,也是烹调中的调味佳品。常用于烧菜、甜羹或制作风味小吃,也可用于糟制菜品;醪糟还是腌制泡菜、酿造豆腐乳的增香原料。代表菜点如醪糟蛋、醪糟鸡、醪糟粉子、醪糟豆腐羹、醪糟鸡蛋等。

4.香草类调味品

（1）罗勒

一种温暖气候生长的草本植物,有丁香般的芳香,其气味清爽略甜,最常用于香草酱中,而且和番茄的味道非常相配。是意大利菜中使用最频繁、最具代表性的一种香草。罗勒有很多品种,常见的有甜罗勒、柠檬罗勒、丁香罗勒、紫罗勒等,常用于西餐烹饪的是甜罗勒。

甜罗勒叶片较嫩,散发淡淡的清香,遇热易变黑,不耐煮。罗勒和番茄是最经典的搭配,主要用于制作青酱、玛格丽特比萨,各种沙拉、冷盘的调味。本身装饰性较强,常用于摆盘。

（2）迷迭香

和罗勒一样,是意大利最具代表性的香草。叶片质地坚硬,呈针状,叶子细狭长形,比一般常见薰衣草再细一些。特征是有辛辣和樟脑气味,略带苦味的清香,可去除肉类的腥味,但由于气味较重,要控制使用分量。

香味浓郁,久煮不散,带有松香、茶香。意式佛卡夏面包用到迷迭香。但要注意迷迭香少量使用会有淡淡的草木香,放多了会发苦。用橄榄油浸泡迷迭香,拌入沙拉或蘸面包都非常不错。迷迭香与巴西利(荷兰芹)、甜罗勒皆是西餐中应用最广泛的香草。店家可能会以一小枝摆盘,可生吃,但味道会比较浓郁。

（3）欧芹

又叫法国香菜、荷兰芹,风味清新,与芹菜相近,但味道略重于芹菜,在意大利菜和法国菜中应用频率很高。温和百搭,常用作掩盖其他食材中过强的异味而使之变得清香。吃蒜后嚼一点欧芹叶,可消除口齿中的异味。

在肉类、海鲜以及清汤中都有广泛使用,像欧芹奶油青口、法式香草焗蜗牛,也有直接当沙拉的。分为平叶欧芹和卷叶欧芹,平叶欧芹用于调味。

（4）薄荷

原产于地中海的紫苏科植物,有清新凉爽的香味,清冽的芳香,提神醒脑,最常用于饮料的调制和甜品的装饰。和番茄、芝士的味道很相配,做薄饼时少不了它。薄荷原生品种有600多种,除了西餐常用的绿薄荷外,还有胡椒薄荷、巧克力薄荷、日本薄荷、茉莉亚甜薄荷等。绿薄荷又称荷兰薄荷,口感软嫩,口味清甜,香气、凉度适中,不像茉莉亚甜薄荷有凉度过呛的特性,也不像巧克力薄荷、日本薄荷有柳橙、葡萄柚般特殊口味,在西餐中常成为柠檬派等甜点的装饰,可以生吃。新鲜薄荷可直接当蔬菜食用,常用于沙拉;干薄荷是肉类、海鲜料理中经常使用的香草,有助于去腥提香。薄荷更是越南菜的精髓,像越南春卷、越南河粉都少不了薄荷。

（5）莳萝

莳萝和茴香很容易被搞混。莳萝植株外型与茴香相似,但味道确实不同。莳萝味道清淡,香气清凉,温和不刺激,味道偏辛香甘甜。莳萝叶有"鱼之香草"的美誉,撒在鱼类食物上用于去腥,像莳萝腌三文鱼。

它还经常与奶油或奶酪制作酱汁,像青瓜酸乳酪酱、希腊酸奶酱,莳萝还可以用于泡菜。

（6）百里香

又名"麝香草",一种有强烈芳香气味的草本植物,具有浓郁和辛辣刺激的味道和清爽甘甜的香气,常用于法国、意大利、中东料理中。通常只使用叶片部分,与海鲜、肉类及橙味酱汁十分相配。由于它即使长时间烹调也不失香味,因此非常适合用在炖煮或烤烘上。

常见的有原生百里香与柠檬百里香,西餐中常用的原生百里香,带有麝香般的香气,且具有杀菌效果,与鼠尾草皆常用来去除腥味,可用于摆盘装饰,可生吃,但味道较浓郁。

（7）柠檬香茅

一种热带亚洲草的下层叶茎,有柠檬的香味,外型容易令人误以为是芒草,用手凹折叶面,会散发柠檬般香气,西餐中常会将柠檬香茅泡成茶饮;而在东南亚,如泰国、印度、越南料理中，则成为制作咖喱时必备食材。此外，柠檬香茅也常用来炖煮汤头，可助消化。

(8)鼠尾草

属紫苏科草本植物，其柔软的芳香叶子有一种刺激的气味。有着很高的药用价值，有抗菌、镇静的功效。香味浓烈，略带苦涩，可以切细加在菜肴中。鼠尾草可以搭配腥味较重的肝脏、羊肉或青花鱼等食材，既可以消除异味，又能增添香气。与忌廉或鲜忌廉味道非常相配，用它做的鼠尾忌廉酱是调味的代表。

(9)虾荑葱

又称作西洋胡葱，虽属葱的一科，但味道较温和，切碎后可用作食物的装饰，增添颜色。

罗勒、迷迭香及鼠尾草是意大利烹调中不可缺少的材料，通常，一道菜只要加上些许香草，便可令食物风味尽出。

(10)月桂叶

月桂树的叶子，也叫甜月桂、伙伴月桂，新鲜的叶子辛辣芳香，用途极广。月桂叶的外型则像是茶花的叶子，用手将月桂叶撕裂出缺口，即可闻到甘草般甜甜的芳香，常用于调味和牛奶布丁。

(11)牛至

一种野生马郁兰，希腊称为里加尼，又名比萨草、奥勒冈叶，因为在比萨中常用到牛至调味，所以比萨草是它更广为人知的名字。牛至有较刺激的香味，香中带苦，意大利菜用得比较多。具有圆尖形的叶子、红色的叶梗，并带有茸毛，具有浓郁的香气，生吃会有微微的辛辣感。在西餐料理中，奥勒冈的味道跟番茄非常对味，可提升番茄料理整体风味层次，西餐红酱主要原料就是奥勒冈与牛番茄、月桂叶、蒜头、洋葱。此外，因常被用来撒在比萨上，因此又称为比萨草。

单用苦味比较重，会和其他香料搭配使用。直接摘取生鲜枝叶，加入肉类料理中可改善腥味，通常多使用干燥品，和番茄、芝士的味道很相配。

(12)龙蒿

多年生草本植物，原产于亚洲，后来才传入欧洲，味道和中餐常用的调料八角有相似之处，浓郁但不冲人，属于温和雅致一类。品种上有法国龙蒿、德国龙蒿和俄罗斯龙蒿等。其中以法国龙蒿为最好，俄罗斯龙蒿最差。法国龙蒿外形与俄罗斯龙蒿非常相似，其外表普通人难以区分，但前者味道浓，闻着就有明显的八角的味道，放在嘴里咀嚼，有一种奇特的酸味和茴香风味，俄罗斯龙蒿几乎没有什么风味。

(13)薰衣草

薰衣草，是品种较多的一类香草，多年生，很好的庭院植物，气味雅致，观赏入馔两相宜。地中海地区特别是法国南部普罗旺斯地区经常在烹调中使用。法国普罗旺斯香草面包用了很多的薰衣草。

（14）柠檬马鞭草

具有强烈的柠檬香味，是一种阿洛伊西亚灌木，富含柠檬醛挥发油，主要用于烘焙甜点或剁碎用于烹饪。成品有柠檬的香味但没有柠檬的酸味。

（15）天竺葵

天竺葵属于芳香植物，香味浓郁，叶片如天鹅绒一般。可以赋予糖浆、蛋奶酱、蛋糕和果冻香味。

（16）小地榆

一种柔软的草本植物，有一种微妙的、清凉的、黄瓜般的香味和味道，可生食，常用来制作沙拉、三明治和水果酒。

（17）玫瑰

蔷薇属植物的花卉，花朵带有香气，多用于制作蜜饯或用于装饰，也可夹在三明治中生食，也可用于甜点。

# 第七节 复合味调味品

复合调味料是指两种以上调味料为主要原料、添加（或不添加）油脂、天然香辛料及动植物等成分，采用物理的或者生物的技术措施进行加工处理及包装，最终制成可供安全食用的一类定型调味料产品。其原料主要有咸味料（食盐等）、鲜味料（味精、I＋G 核苷酸、酵母提取物、HVP 等）、辛辣性香辛料（胡椒、辣椒、蒜粉、洋葱粉等）、芳香性香辛料（丁香、肉桂、肉蔻、茴香等）、香精料（牛肉精、鸡肉精、番茄香精、葱油精等）、着色料（焦糖色素、辣椒红、酱油粉等）、油脂（动物油、植物油、调料油等）、鲜物料（牛肉、鸡肉、葱、姜、蒜等）、脱水物料（牛肉丁、虾肉、鸡肉丁、葱、胡萝卜、青豆、白菜、香菇等）、其他填充料（糊精、苏打等）。

复合调味品是在科学的调味理论指导下，将各种基础调味品按照一定比例进行调配制作，从而得到的满足不同调味需要的调味品。其使用的原料种类很多，常用的原料主要有咸味剂、鲜味剂、增鲜剂、甜味剂、酵母精、水解动植物蛋白、香精与香辛料、着色剂、辅助剂等。复合调味品中的呈味成分多、口感复杂，各种呈味成分的性能特点及其之间的配合比例，决定了复合调味品的调味效果。按照复合配方配合在一起的原料，呈现出来的是一种独特的风味。所以，复合调味品也是一类针对性很强的专用型调味料。鱼香肉丝、麻婆豆腐、烤牛肉、红烧猪肉等不同菜肴的风味特点，都可以通过加入专用的复合调味品表现出来。

复合调味料可以算得上是使用最多的调味品了，如我国已有久远历史的花色辣酱、五香粉、复合卤汁调料、太仓糟油、蚝油等，甚至在家烹调时调制的佐料汁和饭店厨师调制的高档次的调味汁等都属于复合调味料。对我国消费者而言，复合调味品仍是新概念，但是在过去的 40 多年里，随着现代化的进程和生活水平的提高，顺应了生活方式的改变、生活节奏的加快而需要的方便快捷、便于贮藏携带、安全卫生营养而又风味多样的食品发展趋势，复合调味料的生产飞速发展，已在调味品中占有重要地位，成为我国调味品中发展的主流。

## 一、复合调味料分类

现代复合调味料的概念是指采用多种调味料，具备特殊调味作用，工业化大批量生产的，产品规格化和标准化的，有一定的保质期，在市场上销售的商品化包装调味品。

1.按饮食习惯分类可分为

传统菜肴调味汁;中式小吃调味汁;西式调味汁;面条蘸汁;生鲜蔬菜味汁。

2.按加工制成品分类可分为

酱类:如沙茶酱、柱侯酱、鱼香酱、茄茸酱、果仁果酱、番茄沙司等;

汁类:有 OK 汁、煎封汁、香槟汁、西柠汁、喼汁、红油汁等;

鲜味粉料类:如鸡精、牛肉精等;

油料类:如蟹油、香味油、菌油、香辣烹调油、鸡香油等;

其他类:如西瓜豆豉、渣辣椒、泡辣椒等。

3.按味型分类可分为

咸鲜味型:主味由咸味和鲜味构成,如蒜茸豆豉酱、西瓜豆豉、炝汁、豉油王、煎封汁等;

葱椒味型:主要以葱、姜、蒜、花椒为主要调味品,具有浓郁的蒜、姜等香味,如葱椒泥、葱椒绍酒、葱油汁、蒜酱、蒜茸酱、蒜姜调味料等;

酸甜味型:主味以酸味略重于甜味,如 OK 汁、柠汁(西柠汁)、茄汁(粤)、青梅酱、草莓酱、辣甜沙司、京都汁等;

辣香味型:如马拉盏酱、辣酱油、川锅酱、芥末糊、辣甜豆豉酱、咖喱油、辣葵花酱等;

香甜味型:如黑香酱、复合奇妙酱、椒梅酱、五香粉、精卤水、果仁、果酱等;

鲜肉香型:主味呈各种肉香,如火腿汁、蚝油、鸡香油、鸡精和蟹油等。

## 二、复合调味品的特点

1.方便性

复合调味品的方便性在于能直接食用,方便旅游、工作佐餐,如一些香辣酱、风味豆豉等,使用和食用都很方便。

2.多味性

复合调味品是由多种调味品配制而成的,口味变化多样,因而具有很强的多味性。

3.营养性

复合调味品的营养十分丰富,各种营养成分高,许多物质还能分解合成新的营养物。复合调味品含有多种氨基酸,其中人体不能自身合成的八种氨基酸十分丰富,并含有大量的糖分和维生素。

## 三、常见复合调味料

1.十三香

"十三香"又称十全香,是指十三种各具特色香味的中草药物,包括紫叩、砂仁、肉蔻、肉桂、丁香、花椒、八角、小茴香、木香、白芷、三奈、良姜、干姜。

"十三香"的配比,一般应为:花椒、小茴香各5份,肉桂、三奈、良姜、白芷各2份,其余各1份,然后把它们混合在一起,就是"十三香"。分开使用也可以,如茴香气味浓烈,用于制作素菜及豆制品最好;做牛、羊肉用白芷,可去除膻气增加鲜味,使肉质细嫩;熏肉、煮肠用肉桂,可使肉、肠香味浓郁,久食不腻;氽汤用陈皮和木香,可使气味淡雅而清香;做鱼用三奈和干姜,既能去除鱼腥,又可使鱼酥嫩相宜,香气横溢;熏制鸡、鸭、鹅肉,用肉蔻和丁香,可使熏味独特,嚼时鲜香盈口,满室芬芳。

制作"十三香"时原料必须充分晒干或烘干,粉碎过筛,而且越细越好。每种原料应该单独粉碎,分别存放,最好将其装在无毒无异味的食用塑料袋内,以防香料"回潮"或走味儿。使用时并非用量越多越好,一定要适量,因为肉桂、丁香、小茴香、干姜以及胡椒等料,它们虽然属于天然调味品,但如果用量过度,同样具有一定的副作用乃至毒性和诱变性,所以使用时应以"宁少勿多"为宜。

2.椒盐

椒盐为中国各个地区常见的调味料。可以用小中火将花椒粒与盐炒约一两分钟至花椒香气溢出,盛出待凉碾碎即可。

花椒粒炒香后磨成的粉末即为花椒粉,若加入炒黄的盐则成为花椒盐,常用于油炸食物蘸食之用。是四川菜常用味道之一,香麻而咸,多用于热菜。

调制时盐须炒干水分,碾为极细粉末,花椒须炒香,亦碾为细末,随制随用,不宜久放;应用范围:鸡、猪、鱼类等动物为原料的菜肴。例如,椒盐八宝鸡、椒盐蹄筋、椒盐里脊、椒盐鱼卷、椒盐排骨、椒盐大虾等。

3.咖喱

咖喱是由多种香料调配而成的酱料,常见于印度菜、泰国菜和日本菜等菜系,一般伴随肉类和饭一起吃。咖喱是一种多样变作及特殊调味的菜肴,最有名的是印度和泰国的咖喱烹饪方法,咖喱已经在亚太地区成为主流的菜肴之一。除了茶以外,咖喱是少数的真正泛亚的菜肴或饮料。印度口味是以混合各方的风格而做出含有异国风情菜肴。

咖喱的种类很多,以国家来分,其发源地就有印度、斯里兰卡、泰国、新加坡、马来西亚等;以颜色来分,有棕、红、青、黄、白之别,根据配料细节上的不同来区分种类口味的咖喱大约有十多种,这些迥异不同的香料汇集在一起,就能够构成咖喱的各种令人意想不到的浓郁香味。

食用咖喱的国家很多,包括印度、斯里兰卡、泰国、新加坡、马来西亚、日本、越南等。

#### 4.五香粉

五香粉是将超过 5 种的香料研磨成粉状混合在一起,常使用在煎、炸前涂抹在鸡、鸭肉类上,也可与细盐混合做蘸料之用。广泛用于东方料理的辛辣口味的菜肴,尤其适合用于烘烤或快炒肉类、炖、焖、煨、蒸、煮菜肴作调味。其名称来自于中国文化对酸、甜、苦、辣、咸五味要求的平衡。

五香粉因配料不同,它有多种不同口味和不同的名称,如麻辣粉、鲜辣粉等,是家庭烹饪、佐餐不可缺少的调味料。

五香粉的基本成分是磨成粉的花椒、肉桂、八角、丁香、小茴香籽。有些配方中还有干姜、豆蔻、甘草、胡椒、陈皮等。主要用于炖制的肉类或者家禽菜肴,或是加在卤汁中增味,或拌馅。

在食用五香粉方面,由于其味浓,宜酌量使用,一般 2～5 克即可。五香粉香味浓郁,有辛辣味,还有些许甜味,主要用于调制卤水食品和烧烤食品,或用作酱腌菜的辅料以及火锅调料等。

五香粉也有一些饮食禁忌。五香粉有油脂渗出并变苦时不能食用。

#### 5.沙茶酱

沙茶酱,原是印度尼西亚的一种风味食品。其原义是烤肉串的调料,多用于羊肉、鸡肉或猪肉,所用的调料味道辛辣,传入中国后,只取其辛辣特点。

沙茶酱是盛行福建、广东等地的一种混合型调味品。色泽淡褐,呈糊酱状,具有大蒜、洋葱、花生米等特殊的复合香味,虾米和生抽的复合鲜咸味,以及轻微的甜、辣味。

#### 6.卤汤

它是制作卤菜的最重要的辅助原料,是为制作卤菜而做的前期准备。当前市场卤汤主要分为两大类,高汤熬制而成;另一类是相对较为简单的,比如卤中仙的卤汤就可以用自来水加上各色卤料熬制,味道好,操作简单,成本低廉。口味咸、鲜。制作原料主要有八角、花椒、孜然、京葱、生姜等,口味鲜美。目前市场上卤菜主要分为五香味红卤、辣卤、白卤等。

卤过菜肴的卤汤,应该勤加保养,以便下次使用。卤汤用得次数越多,保存时间越长,质量越佳,味道越美,这就是"百年老卤"受欢迎的原因。妥善地保管好卤水,才能保证卤汤经久不坏,质量不受影响,所以,应该重视卤汤的保管与存放。储存卤汤,忌用铁桶和木器,而应该用土陶盛装,因为陶器体身较厚,可避免外界热量的影响。铁器容易生锈,木器有异味。如果使用陶器不方便也可用不锈钢代替,卤汤上面有一层浮油,对卤汤起一定保护作用。

将料包放入自来水中加热煮开,加入适量的各色调料搅拌,第一次的卤汤加料一定要足量,这样才能够保证味道,卤汤做出来的口味好不好决定着卤菜的质量。新卤汤第一次做出来的产品味道相对来说不是最好的，卤过一次菜的卤汤做出来的东西才是让人满意的。

用卤水时必须烧开，把上面多余的浮油打去，再把泡沫打干净，用纱布过滤沉淀，保持卤水干净。保存老卤水必须做到要用清洁的器皿和良好的存放条件（环境卫生，温度调节），才能保证卤水及卤制品的质量。卤水每次卤完食物后必须烧开保存；经常检查卤水中的咸味，并稍加调整，以免过咸过淡，或者香气过重过弱。卤水要在遮光、透风、地面平整、干燥、不易碰撞的环境存放，以便更好地保存。

### 7.火锅料

制作火锅底料用到的原料有，牛油、清油、猪油、鸡油、葱姜蒜、豆豉、冰糖、各种香料、豆瓣酱、糍粑辣椒等。网上有很多火锅底料的做法，制作方法大同小异，但是每个材料的量要求需要注意控制。火锅底料味道的好坏关键在于选料，香料的配比，火候的掌握。比如选用价格低廉的牛油，炒出的火锅底料味道就会有很大差别，这样的味道不香，有各种怪味，涮菜的时候也容易起泡等。如果香料的配比不好，影响火锅的味道，香味不正。制作火锅底料火候掌握不好制作出的火锅底料香味就会不好，不容易散发出来。

### 8.烧烤料

烧烤调料是用来烧烤肉串、鸡翅、猪排、牛排、烤鸡、烤鸭以及蔬菜等的专用调味品。烧烤调料主要由很多种天然香辛料经多种工艺精细加工而成的粉末状混合物。能去除原料中的腥味，还能增加产品的口感和香味。烧烤调料可分为烧烤腌制料和烧烤撒料。烤制食品时先用烧烤腌制料将肉类或蔬菜进行腌制几小时后，就直接在烤箱、烤炉上进行烧烤，快熟的时候将烧烤撒料刷在上面，这样烤出来的食品风味独特，肉质鲜美。烧烤调料主要成分是盐、糖、味精、辣椒、千里香、排草、灵草、辛夷花、桂枝、广木香、沉香、枳壳、孜然、甘草、肉果、三奈、紫草、白果等中药香料，还添加了肉质改良剂、增香剂、增味剂、酵母抽提物等。

### 9.桂花酱

桂花酱是用鲜桂花、白砂糖和少许盐加工而成，广泛用于汤圆、麻饼、糕点、蜜饯、甜羹等糕饼和点心的辅助原料，也作为菜肴调味之用，色美味香。桂花酱的食用方法还是很多的，它与其他酱料的不同在于，不仅可以入菜，还可以拌甜品、做糕点、泡水喝。

### 10.玫瑰酱

玫瑰酱，是一种常见酱料，是将玫瑰花的花瓣用糖腌制成的。鲜花须发育充分，瓣厚、色浓、洁净，采摘鲜花后，平铺在阴凉通风的室内，经常翻动，防止发热变质，经过1～2天的放置，玫瑰花的花托与花瓣分离，剥除花托、花萼后，即可进行腌制。

玫瑰花酱属温性食品，有疏肝醒脾之功能。颇受人们喜爱，是很早就广泛应用于各种糕点、馅和菜肴中的主要原料。

可将玫瑰酱涂抹在土司面包或用在蛋糕、夹心饼干的馅料中，浓郁的玫瑰花香、独特的酸甜，能让整体滋味更丰富优美。可给各种食品做馅，果酱，直接冲饮，熬粥，做甜品。

11.果酱

用水果、糖及酸度调节剂混合凝胶物质调制而成，制作果酱是长时间保存水果的一种方法。主要用来涂抹于面包或吐司上食用。不论草莓、蓝莓、葡萄、玫瑰等小型果实，或李、橙、苹果、桃等大型果实切小后，同样可制成果酱，不过调制同一时间通常只使用一种果实。无糖果酱、平价果酱或特别果酱（如：榴梿、菠萝），便会使用胶体。果酱常使用的胶体包括：果胶、豆胶及三仙胶。主要有苹果酱、草莓酱、橙皮酱、橘皮果酱、橘味果酱、香橙果酱、猕猴桃酱、柠香果酱、杨梅酱、瓜皮酱、胡萝卜酱、樱桃果酱、芦荟果酱、桑葚果酱、玫瑰洋梨果酱、蓝莓果酱、菠萝果酱、山楂果酱。

## 四、复合调味品的制作范例

### （一）椒盐

**制作方法（一）**

1.制作方法：先将花椒用慢火炒熟炒香，凉凉后研成细末过箩，然后花椒粉与精盐按 3 : 1 的比例调匀即可。

2.成品特点：香麻而咸。

3.适用范围：主要用于油炸食物的蘸食之用。

4.标准

（1）方法：比例恰当，符合制作要求。

（2）口味：香麻而咸。

**制作方法（二）**

1.制作方法：采用白胡椒粉与精盐按 3 : 1 的比例调匀即可。

2.成品特点：胡椒香浓，咸带微辣。

3.适用范围：此盐多用于炸类菜肴蘸食。

4.标准

（1）方法：比例恰当，符合制作要求。

（2）口味：胡椒香浓，咸带微辣。

### （二）花椒油

1.制作方法：以芝麻油、花椒为原料，制作时将花椒温油下锅，逐渐升温直至将花椒炸至老黄,使花椒的香味完全融入芝麻油中,将花椒打捞干净,凉凉即可使用。

2.成品特点:花椒香味浓郁。

3.适用范围:主要用于红烧等红色、咸鲜为主的菜肴和凉菜的制作。

4.标准

(1)方法:比例恰当,符合制作要求。

(2)口味:花椒香味浓郁。

### (三)辣椒油

1.制作方法:以芝麻油、干红辣椒为原料,制作时将辣椒温油下锅,逐渐升温直至将辣椒炸至老黄,使辣椒的香味、辣味、色素全部融入油中,将辣椒捞出凉凉即可。

2.成品特点:色泽鲜红,香辣味并重。

3.适用范围:主要用于制作辣味菜肴的底油或明油以及凉菜的制作。

4.标准

(1)方法:比例恰当,符合制作要求。

(2)口味:色泽鲜红,香辣味并重。

### (四)大葱油

1.制作方法:以猪大油(或植物油等)、大葱为原料,制作时将大葱切大段拍松或剖切后温油下锅,逐渐升温炸至老黄,使葱的香味全部融入油中,捞出大葱凉凉即可。

2.成品特点:葱香浓郁。

3.适用范围:主要用于红烧、扒、焖等红色、咸鲜为主的菜肴和凉菜的制作。

4.标准

(1)方法:比例恰当,符合制作要求。

(2)口味:葱香浓郁。

### (五)葱椒油

1.制作方法:以猪大油(或植物油等)、大葱、花椒为原料,制作时将大葱切大段拍松或剖切后连同花椒一起温油下锅,逐渐升温将大葱、花椒炸至老黄,使葱、花椒的香味全部融入油中,捞出大葱、花椒凉凉即可。

2.成品特点:葱、椒味混合。

3.适用范围:主要用于红烧、扒、焖等红色、咸鲜为主的菜肴和凉菜的制作。

4.标准

(1)方法:比例恰当,符合制作要求。

(2)口味:葱、椒味混合。

### (六)三合油

1.制作方法:以酱油、醋、香油为原料,制作时以酱油为主,醋、香油适量,加少许味精调配而成。

2.成品特点:咸、香、酸、鲜,口味清淡,香鲜解腻。

3.适用范围:主要用于凉菜的制作。

4.标准

(1)方法:比例恰当,符合制作要求。

(2)口味:咸、香、酸、鲜,口味清淡,香鲜解腻。

### (七)芥末糊

1.制作方法:以芥末粉为主料,制作时将芥末粉用温开水及少许醋调糊状,加盖焖制半小时左右(急用时也可带盖上笼略蒸),焖出辣味后,再据调味需要加入香油或植物油、糖、味精、精盐等调匀即可。

2.成品特点:辛辣刺鼻,咸香爽口。

3.适用范围:主要用于凉菜的制作。

4.标准

(1)方法:比例恰当,符合制作要求。

(2)口味:辛辣刺鼻,咸香爽口。

### (八)咖喱汁

1.制作方法:以咖喱粉为主料,制作时先用油将葱段、姜片炸至金黄捞出,再加蒜末炒出香味后加入咖喱。

2.成品特点:色泽金黄,香辣适口。

3.适用范围:主要用于咖喱口味的菜肴制作。

4.标准

(1)方法:比例恰当,符合制作要求。

(2)口味:色泽金黄,香辣适口。

### (九)老虎酱

1.制作方法:在甜面酱中加入适量的大蒜泥和香油,调匀即成。

2.成品特点:口味咸香。

3.适用范围:多用于蘸食。

4.标准

(1)方法:比例恰当,符合制作要求。

(2)口味:咸香。

### (十)大蒜泥

1.制作方法:以鲜蒜泥味主料,调制时配以酱油、醋及适量的味精、香油,根据口味的不同要求,可自行掌握酱油与醋的配比。

2.成品特点:口味咸鲜香辣。

3.适用范围:主要用于冷菜的佐食。

4.标准

(1)方法:比例恰当,符合制作要求。

(2)口味:咸鲜香辣。

### (十一)葱姜水

1.制作方法:以葱姜为主料,制作时将葱切成大段并拍松,姜切成薄片或直接拍松,放入碗中,加入适量开水浸泡(适当煮沸,效果更佳),待水冷却后捞出葱姜即可。

2.成品特点:汁液状,带有葱、姜香气。

3.适用范围:动物性原料制馅或正式烹调前的腌制调味。

4.标准

(1)方法:比例恰当,符合制作要求。

(2)口味:汁液状,带有葱、姜香气。

### (十二)葱姜花椒水

1.制作方法:以葱姜、花椒为主料,制作时将葱切成大段并拍松,姜切成薄片或直接拍松,连同花椒一起放入碗中,加入适量开水浸泡(适当煮沸,效果更佳),待水冷却后捞出葱姜、花椒即可。主要作用同葱姜水。

2.成品特点:汁液状,带有葱、姜、花椒的香气。

3.适用范围:动物性原料制馅或正式烹调前的腌制调味。

4.标准

(1)方法:比例恰当,符合制作要求。

(2)口味:汁液状,带有葱、姜、花椒的香气。

### (十三)麻汁酱

1.制作方法:以芝麻酱为主料,配以适量的高汤、精盐、味精、香油,调匀即可。

2.成品特点:香浓醇厚,咸鲜可口。

3.适用范围:主要用于冷菜的制作。

4.标准

(1)方法:比例恰当,符合制作要求。

(2)口味:香浓醇厚,咸鲜可口。

# 第 三 章

## 味觉与味型

## 第一节 味觉

### 一、味觉的概念

味觉是指舌头与液体或者溶解于液体的物质接触时所产生的感觉。味觉是一种生理感受,包括广义的味觉和狭义的味觉。

1. 广义的味觉

广义的味觉也称综合味觉,是指食物在口腔中,经咀嚼进入消化道后所引起的感觉过程。广义的味觉包括心理味觉、物理味觉、化学味觉三种。

(1)心理味觉

心理味觉是指人们对菜肴形状、色泽、原料等因素的印象,由人的年龄、健康、情绪、职业,以及进餐环境、色彩、音响、光线和饮食习俗而形成的对菜肴的感觉均属于心理味觉。

(2)物理味觉

物理味觉是指人们对菜肴质感、温度、浓度等性质的印象,菜肴的软硬度、黏性、弹性、凝结性、粉状、粒状、块状、片状、泡沫状等外观形态及菜肴的含水量、油性、脂性等触觉特性均属于物理味觉。

(3)化学味觉

化学味觉是指人们对菜肴咸味、甜味、酸味等成分的印象,人们感受的菜肴的滋味、气味,包括单纯的咸、甜、酸、苦、辛和千变万化的复合味等均属于化学味觉。

2. 狭义的味觉

狭义的味觉指烹调菜肴中的可溶性成分,溶于唾液或菜肴的汤汁,刺激口腔中的味蕾,经味觉神经达到大脑味觉中枢,再经大脑分析后所产生的味觉印象。味蕾是分布在口腔黏膜中极微小的结构,是接受味觉刺激的感受器。味蕾有着明确的分工:舌尖部的味蕾主要品尝甜味,舌两边的味蕾主要品尝酸味,舌尖两侧前半部的味蕾主要品尝咸味,舌根部的味蕾主要品尝苦味。而甜味和咸味在舌尖部的感受区域,有一定的重叠。

### 二、影响味觉的因素及现象

不同的调味品给人的感觉是不同的,而各种味觉又从时间上、产生的机制上千差万别。

1.影响味觉的因素

(1)温度

味觉感受的最适宜温度为 10℃～40℃，其中，30℃时味觉感受最敏感。在0℃～50℃范围内，随着温度的升高，甜味、辣味的味道增强；咸味、苦味的味道减弱；酸味不变。咸、甜、酸、鲜等几种味，在接近人的体温时，味感最强。一般热菜的温度最好在 60℃～65℃；炸制菜肴可稍高一些；凉菜的温度最好在 10℃左右，如果低于这个温度，各种调味品投放的数量就要适当多一些。

(2)浓度

对味的刺激产生快感或不快感，受浓度影响很大。浓度适宜能引起快感，过浓或过淡都能引起不舒服的感受或令人厌恶。一般情况下，食盐在汤菜中的浓度以 0.8％～12％为宜，在烧、焖、爆、炒等菜肴中以 15％～20％为宜。低于这个浓度则口轻，高于这个浓度则口重。

(3)水溶性物质

味觉的感受强度与呈味物质的水溶性和溶解度有关。呈味物质必须有一定的水溶性才可能有一定的味感，完全不溶于水的物质是无味的，溶解度小于阈值的物质也是无味的。呈味物质只有溶于水成为水溶液后，才能刺激到味蕾产生味觉。溶解速度越快，产生的味觉也就越快。水溶性大的呈味物质，味感较强，反之，味感较弱。

(4)生理条件

引起人们味觉感观变化的生理条件主要有年龄、性别及某些特殊生理状态等。一般而言，年龄越小，味感越灵敏，人们随着年龄的增长，味蕾对味的感觉会越来越迟钝，也就是味感逐渐衰退，但是，这种迟钝不包括咸味。性别不同，对味的分辨力也有一定差异。一般来说，女子分辨味的能力，除咸味之外都胜过男子，女性与同龄男性相比，多数喜欢吃甜食。人生病时味感略有减退，重体力劳动者，味感较重，轻体力劳动者，味感较轻。

(5)个人嗜好

不同的地理环境和饮食习惯会形成嗜好的不同，从而造成人们味觉的差别。但是，人的嗜好随着生活习惯的变化是可以改变的。"安徽甜、河北咸，福建、浙江咸又甜；宁夏、河南、陕、甘、青，又辣又甜外加咸；山西醋、山东盐，东北三省咸带酸；黔(贵州)、赣(江西)、两湖(湖南、湖北)辣子蒜，又麻又辣数四川；广东鲜、江苏淡，少数民族不一般。"这一首中国人的口味歌，十分准确生动地反映了地理环境对味觉的影响。

(6)饮食心理

饮食心理是人们生活中形成的对某些食物的喜好和厌恶。如某些人对某种原料或菜肴颜色及味道的反感。此外，还包括不同民族由于宗教信仰和饮食习惯不同造成的味觉差别。

（7）季节变化

随着季节的变化，也会造成味觉上的差别。一般情况是在气温较高的盛夏季节，人们多喜欢食用口味清淡的菜肴；而在气温较低的严冬季节，多喜欢口味浓厚的菜肴。

（8）饥饿程度

民间有句俗语叫"饥不择食"，就是说人们在过分饥饿时，对百味俱敏感；饱食后，则对百味皆迟钝。

2.味觉的几种现象

（1）味的对比现象

将两种不同化学物质的味，以适当的比例混合，它们同时作用于味觉，其中一种味觉会明显地增强，此种方法称为"提味"。比如，在甜味中加入少量咸味，甜味会明显增强；在鲜味中加入少量咸味，鲜味也会明显增强；在香味中加入少量的咸味，香味会明显增强等。

（2）味的抑制现象

将两种不同化学物质的味，以适当的比例混合，它们同时作用于味觉，其中一种味觉会明显地减弱；此种方法称为"撤味"。比如，在咸味中加入少量的甜味，咸味明显地减弱，在酸味中加入少量的甜味，酸味明显地减弱；在膻味中加入少量的咸味或辛辣味，膻味明显减弱等。

（3）味的相乘现象

味的相乘又称味的相加，是将两种或两种以上同一味道的呈味物质混合使用，导致这种味道进一步加强的调味方式。如鸡精与味精混合使用可使鲜度增大，而且更加鲜醇。主要是在需要提高原料中某一主味或需要为原料补味时使用。

（4）味的转换现象

两种不同的呈化学物质的味，先后作用于味觉，其中先作用于味觉的味会消失。比如，先冷菜后热菜，先咸后甜就是利用味的转换现象调节饮食进餐的节奏感；吃完油腻或辛辣的菜肴后，再吃清淡或香甜的菜肴就可达到味的转换，使人的口味停留在最好的味觉上。

（5）味的疲劳现象

味的疲劳现象又称作味的累积现象。过重的呈化学物质的味，或具有强烈刺激性的呈味物质，长时间地作用于味觉器官，会产生味觉疲劳，从而失去味觉感应的灵敏度。因此，在享受美味佳肴的同时，不仅要注意到不同呈味菜肴的刺激性，也应注意到味的合理分配。

### 三、味的分类

味是某种物质刺激味蕾所引起的感觉。菜肴的味是由调味品和烹调原料（主、辅料）中的呈味物质，通过加热、调拌融合而成的。在菜点烹制过程中，凡能起到突出菜点口味、改变菜点外观、增进菜点色彩、消除腥膻异味等无毒的非主、辅料食品，统称为调味品。

菜肴的味是一种复杂的生理感受，是神经通过味蕾所感受到的滋味，在口腔中能产生物理和化学反应，味大体可分为单一味和复合味两大类。

**（一）单一味**

单一味也称为基本味、母味。是指只用一种味道的呈味物质调制出的滋味。主要有咸、甜、酸、辣、苦、鲜、香七种味。

1.咸味

咸味是绝大多数复合味的基础味，是菜肴调味的主味。菜肴中除了纯甜味品种外，几乎都带有咸味，而且咸味调料中的呈味成分氯化钠是人体的必需营养素之一，故常被称为"百味之本""百肴之将"。

咸味具有提鲜、增甜、去腥解腻的作用，还可以突出原料的鲜香味，调制多种多样的复合味。

常用的咸味调味料主要有食盐、酱油、面酱及以咸味为主的其他调料。

（1）咸味与酸味的相互作用

在食盐水溶液中添加少量的醋酸，可使食盐水溶液的咸味增强。如在 $1\%\sim2\%$ 浓度的食盐水溶液中添加 $0.01\%$ 的醋酸，在 $10\%\sim20\%$ 浓度的食盐水溶液中添加 $0.1\%$ 的醋酸，均可使咸味增强。但当食盐水溶液中加入的醋酸过多时，则又可使咸味减弱。如在 $1\%\sim2\%$ 浓度食盐水溶液中添加的醋酸量达到 $0.05\%$ 以上（即 pH 值在 3.4 以下），或者在 $10\%\sim20\%$ 浓度的食盐水溶液中添加的醋酸量达到 $0.3\%$ 以上（即 pH 值在 3.0 以下时），均可使咸味显著降低。

因此，食盐的咸味与酸味相互作用总的变化趋势为食盐水溶液中加入少量的醋酸会使咸味提高，加入过量的醋酸则会使咸味降低。

（2）咸味与甜味的相互作用

烹饪中常用砂糖的主要成分是蔗糖。它与食盐的咸味之间有一种互减咸味和甜味的作用。在一定浓度的食盐水溶液中添加较多的砂糖，可使咸味明显减弱。如在 $1\%\sim2\%$ 浓度的食盐水溶液中，当添加了 $7\sim10$ 倍重量的砂糖，其咸味几乎全部消失。这一特点在烹饪中常有应用，当厨师不慎将菜肴烧咸了，可有意识地添加些砂糖，来降低菜肴的咸味。

与此相反，当我们在甜味菜肴或糕点中加入极少量的食盐则可增加甜味。如在 25％的砂糖水溶液中添加 0.15％的食盐，其食盐重量仅为砂糖重量的 0.006 倍，这时可感觉到甜味有所增加。在制作甜味糕点时，有经验的厨师常需添加极少量的精细食盐，其目的就是可以用少量的食盐来提高甜度，并且有改善风味的作用。

（3）咸味与鲜味的相互作用

在烹制菜肴调味时，我们一般总是先放食盐或其他咸味剂，如酱油、酱等，然后再加入适量的味精。这二者在实际应用上总是相互搭档，不可分离，同时使用。因为味精必须要在有食盐的情况下才能体现出它的鲜美滋味。在溶液中，味精谷氨酸钠解离后的负离子虽然具有一定程度的鲜味，但不与 $Na^+$ 离子共同作用，鲜味并不明显，只有二者共同作用之后鲜味才显著。而在菜肴中，大量的 $Na^+$ 离子主要是由食盐溶解后解离而产生，食盐实质上是起着一种辅助增强的作用。食盐的咸味与味精的鲜味之间对人口感的关系为：在溶液中，当食盐的添加量越少，味精的添加量则须相应地增多一些；反之，当味精的添加量较大时，食盐相应地减少一些。例如当食盐的添加量为 0.80％时，味精的最适添加量为 0.38％；而味精的添加量增高到 0.48％时，则食盐的最适添加量则相应地减少到 0.40％。

对于腌制的一些肉类、蛋类，它们所含食盐量远远高出一般菜肴。如腌制过的火腿、咸鱼、咸肉，它们的食盐含量可高达 15％～30％，而用这些原料所做成的菜肴却风味独特，滋味别具一格，而不是咸得使人不能入口。这主要由三方面的原因所致：一是这些原料一般都要经过水洗阶段，有些咸鱼还需水浸，可使原料的外部及表层的盐分被水溶解后带走一部分；二是由于鱼类、肉类、蛋类等腌制原料中含有大量的氨基酸，这些氨基酸的存在，可使食盐的咸味有缓和的作用；三是用这类原料烹制菜肴时，厨师有意识地少添加或不添加食盐，有些情况下还需添加适量砂糖来降低咸味。

2.甜味

甜味也称甘味，在调味中的作用仅次于咸味，也是我国南方菜肴的主味之一。在烹调中，甜味除了调制单一甜味菜肴外，更重要的是调制更多复合味的菜肴。

甜味可以增加菜肴的鲜味，并有特殊调和滋味的作用。

常用的甜味调味品主要有白糖、砂糖、红糖、冰糖、蜂蜜、饴糖、果酱、糖精等。

3.酸味

酸味也是调味时常用的一种，具有较强的去腥解腻作用，能促使含骨类原料中钙的溶出，生成可溶性的醋酸钙，增加人体对钙的吸收，使原料中骨质酥脆。

酸味调味料中的有机酸还可与料酒中的醇类发生酯化反应，生成具有芳香气味的酯类，增加菜肴的香气。酸味一般不独立作为菜肴的滋味，都是与其他单一味一起构成复合味。

烹调中较常用的酸味调味料主要有食醋、番茄酱、柠檬汁等。

4.鲜味

鲜味可使菜肴味道鲜美，使无味或味淡的原料增加滋味，同时还具有刺激人们食欲、抑制不良气味的作用。鲜味主要来源是烹调原料本身所含的氨基酸等物质和呈现鲜味的调味料。

鲜味通常不独立作为菜肴的滋味，而是与咸味等其他单一味一起构成复合美味。

烹调常用的呈鲜调味料主要有味精、鸡精、虾子、蚝油、鱼露及鲜汤等。

5.辣味

辣味具有较强的刺激性气味和特殊的香气成分，能刺激胃肠蠕动、去腥解腻、增强食欲、帮助消化。

对其他不良气味，如腥、膻、臭等有抑制作用。

常用的辣味调味料有辣椒、胡椒、辣酱、蒜、芥末等。

6.苦味

单纯的苦味，尤其是较强烈的苦味是人们不喜欢的，但在菜肴中稍微调和一点带有苦味的调味料，可使菜肴形成清香爽口的特殊风味。

苦味物质大多具有去暑解热、去除异味的作用。

烹调中常用的苦味调味料主要有杏仁、柚皮、陈皮、白豆蔻等。

7.香味

烹调中的香味是复杂的、多样的。主要来源于原料本身含有的醇、酯、酚等有机物质和调味品。

香味的主要作用是使菜肴具有芳香气味，刺激食欲、去腥解腻等。

较常用的调味品主要有酯类、酒类、香精、香料等。

**(二)复合味**

人们烹调各种菜肴时，很少使用一种调味品，多是几种调味品混合使用，其所形成的滋味为复合味，又称混合味。复合味的种类很多，另外章节单独介绍。

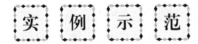

1.单一味的辨别

盐水、糖水、味精水、辣椒、醋、陈皮水。

2.复合味辨别

鲜咸味、酸甜味、甜咸味、麻辣味、香咸味、咸辣味、怪味。

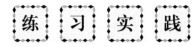

1.什么是味觉？影响味觉的因素有哪些？

2.味觉的几种现象说明了什么？

3.常用的单一味味型有哪些？

4.常用的复合味味型有哪些？

# 第二节　味型

不同的调料,赋予菜肴不同的味道,形成的总体味觉体验称为味型。味型分为基本味型和复合味型。基本味型也叫单一味型,呈现的是一种味道;复合味型呈现的多种味道。在菜肴的味型中,主要是复合味型。在所有的复合味型中,盐是百味之主,绝大多数菜肴是以盐的咸味作为基础味,有些味型虽然没体现咸字,但并不代表没有咸味的存在。

## 一、咸鲜味型

此味由咸味和鲜味调味品调配而成,主要呈咸味和鲜味的味型。咸味主要来源为为食盐、酱油、酱类、豆豉等;鲜味来源较多,一般可分为动、植物性和复合鲜味调味品等三大类,包括:味精、笋粉、蘑菇粉、香菇粉、菌油、蘑菇浸膏、素汤、腐乳、蚝油、鱼露、鱼酱汁、虾油、虾酱、虾子、蟹油、蛏油、鸡精、牛肉精、肉汤等。

咸鲜味虽然清淡,最重"咸中有鲜,鲜中有味",如果失去此特点则风味全无;在烹制中,切忌感染异味,以免影响菜肴质地佳美;最后取原汁时,应将花椒、葱、姜等拣去,以保证菜肴美观。

咸鲜味在烹调中应用特别广泛,因菜品需要和烹饪原料的不同,咸鲜味又分为盐水咸鲜味和一般咸鲜味两类。

盐水咸鲜味:其风味特点是咸鲜宜人,冷菜应用较多,清香可口。所用调料有:食盐、味精、绍酒、芝麻油、葱、姜、胡椒粉、花椒。如盐水鸭、盐水青虾、盐水毛豆等。

一般咸鲜味,有的地方称为白油咸鲜味:其风味特点是咸鲜可口,清香宜人,主要用于热菜。所用调料有食盐、味精、胡椒粉、熟猪油、姜、葱、蒜。如熘鸡丝、炒肉丝、油爆双脆等。

## 二、鲜咸味型

此味俗称本味鲜咸味型,是以鲜味和咸味调味品调配而成。一般鲜味重于咸味(例如复合咸鲜味当中的焌汁、豉油王、煎封汁等调味品)。其风味特点是本味醇厚,鲜咸清淡。所用调料有味精、食盐、胡椒粉。在调配中,一定要突出原料本味鲜美,要求鲜咸有味。味精、食盐、胡椒粉均应以菜肴入口就有感觉为好,如烹制一些海鲜。值得注意的是,在烹制时应选品质细嫩、本味鲜美的原料,调味品也应用上等，方能突出菜肴的特点。

### 三、咸甜味型

此味咸味调味品和以糖为代表的甜味调味品调配而成。甜味调味品种类繁多，调味时常用的有蔗糖、淀粉糖、果糖、蜂蜜、紫苏糖、甜菊糖、糖精等，烹饪中一般使用蔗糖、淀粉糖等。特点是咸甜并重，兼有鲜香，多用于热菜。以食盐、白糖、胡椒粉、绍酒调配而成（因不同菜品的风味需要，可酌加姜、葱、花椒、冰糖、糖色、五香粉、醪糟汁、鸡油）。调配时，咸甜味可有所侧重，或咸略重于甜，或甜略重于咸。应用范围是以猪肉、鸡肉、鱼、蔬菜等为原料的菜肴，例如，"冰糖肘子""樱桃肉""板栗烧鸡""芝麻肘子"等。

### 四、甜香味型

此味风味特点是纯甜而香，多用于冷热菜式。是以白糖、蜂蜜或冰糖为主要调味品和微量的食盐调配而成。调配中，甜味中可适量加点咸味，能使甜味变得更加醇厚香甜。因为纯甜味使食者难以接受，所以可酌加食盐是有道理的。此味一般都用于甜香类菜肴，属甜香复合味类，除少数甜菜、羹汤外，主要用来调味；因不同菜肴的风味需要，甜香味还有加玫瑰、橘红、桂花、香精等各类蜜饯的甜香味；加各种鲜水果的甜香味；加各种水果汁的甜香味；加各种干果红的甜香味等，其风味各异，自成一格。

其调制方法可用蜜汁，也可用糖粘、冰汁、拌糖炒等。不过，无论用哪一种方法，都需要掌握用糖的分量，不能使用过头，过头则伤。应用范围是以干鲜果品以及银耳、鱼脆、桃油、蚕豆、红薯等为原料的菜肴。例如，"什锦果羹""冰汁银耳""杏仁豆腐""莲子泥""鱼脆羹""醉八仙""核桃泥"。

最后应注意的是甜味的浓度应适宜，不要使食者发腻或"背味"；在配制中，尤其应注意有特殊芳香气味的原料不能掺和使用，以免影响风味的突出，如玫瑰不能与橘红同用，桂花不能与香蕉同用，苹果不能与柠檬同用等。

### 五、咸酸味型

此味由咸味和酸味调味品调制而成，主要呈咸味和酸味的味型。常见味有：咸酸味、咸鲜酸味、鲜咸酸味。代表的菜例有："咸酸泡菜""焦熘里脊""龙女斛珠""姜汁豇豆"等。

咸酸味：是以咸味调味品和以醋为代表的酸味调味品构成。酸味调味品有许多种类，常用的有醋、醋精、柠檬酸、柠檬汁、浆水、酸菜汁、番茄酱、番茄酱沙司、山楂酱、酸梅汁、酸梅酱、橙汁、菠萝汁、橘汁、苹果汁、杨梅汁等。特点是咸酸味浓，回味鲜香。常用于冷热菜。以食盐、酱油、醋、味精、绍酒调配而成。因不同菜品的风味需要，也可酌加姜、葱、白糖、胡椒粉、芝麻油、花椒、蒜、辣椒等。在调配过程中，咸酸比例基本上是相等的。其他辅助味能起到提鲜增香和味的作用。应用范围，以猪肉、猪肘子、鸡、鸭、鱼、蔬菜等为原料的菜肴。例如"焦熘里脊""醋烹猪肉""炝白肉""凉拌肘子""春笋白拌鸡""武林熬鸭""宋嫂鱼羹""砂锅鲗鱼""生拌胡萝卜丝""醋溜银条"等。

### 六、姜汁味型

此味由鲜味、咸味和酸味调味品构成。此味风味特点是咸酸微辣、姜味浓郁、咸酸爽口。成菜食用时有鲜香、清爽、不腻之感，尤能诱发人们的食欲。广泛应用于冷菜式。以食盐、姜汁、白酱油、醋、味精、芝麻油调配而成。烹制姜汁味型的冷菜，必须在咸鲜适口的基础上，重用姜醋，从而突出姜醋的味道。应用冷菜的姜汁，应用上品的老姜和醋，多用于鸡肉、肘子、猪肚、菠菜、藕等原料制作的菜肴，用食盐定咸味，白酱油辅助定味并提鲜。用味精提高姜、醋的浓味，缓和烈味。再点缀以芝麻油之香，这才使姜、醋味郁宜人，香味突出，酸而不酷，淡而不薄。味汁组合以掩盖原料本色为准。其调制方法是先将生姜洗净、去皮、切成极细的末，与食盐、醋、白酱油、味精、芝麻油调匀即可。此味型清淡，与其他复合味均不矛盾。宜应用于凉拌菜肴，春、夏最适宜，尤以佐酒为佳。应用范围是以鸡肉、兔肉、猪肘、猪肚、绿叶蔬菜为原料的菜肴。例如冷菜中"姜汁豇豆""姜汁嫩肚丝""姜汁鸡丝""姜汁菠菜"等；热菜中的"姜汁热窝鸡""姜汁肘子""姜汁螃蟹""姜汁赤贝"等。

注意要点是味精的用量不能过大。一定要突出姜与醋的混合味，虽属清淡，绝非淡薄无味，否则风味全失；而在调配热菜时，则只突出姜味，并根据不同菜品风味的需求，还可以酌加郫县豆瓣或辣油。醋的使用要根据菜肴颜色，保持本色或白色的冷菜，不要使用带色的醋，尽可能使用不带色的米醋或白醋。

### 七、五香味型

此味是以五香粉（八角、桂皮、花椒、小茴香、草果等）或多种香辛料（除以上五种外还有山柰、丁香、甘草、砂仁、老蔻、良姜、胡椒、荜拨、莳萝、芫荽、香叶等），配以咸味及鲜味调味品构成。其风味特点是浓香咸鲜。此味通常广泛应用于冷热菜式。调配方法是以上述香辛料加入食盐、绍酒、生姜、大葱及水配制成卤水，再用卤水来卤制成菜。应用范围以动物肉类及家禽、家畜内脏为原料的菜品，以豆类及其制品为原料的菜肴，如："五香牛肉""五香排骨""五香豆腐干""五香熏鱼""五香卤鸡"等。

### 八、香糟味型

此味由酒类、醪糟、香糟、咸味、鲜味和甜味调味品构成。是中式调味中广泛使用的一种味型，在中国南、北方地区皆有应用。其广泛用于冷、热菜式。此味风味特点是醇杳咸鲜而回甜。通常是热冷菜都可用的味型。以醪糟或香糟、食盐、味精、芝麻油调配而成（因不同菜式的风味需要，可以酌加胡椒粉或花椒、冰糖及葱、姜）。在调配过程中，要突出醪糟或香糟汁味的醇香。主要应用于以鸡、鸭、猪肉、兔等家禽、家畜肉类为原料的菜肴，及冬笋、银杏、板栗等蔬果为原料的菜品，例如："香糟鸡""香糟鱼""糟蛋""香糟兔""香糟肉""糟醉冬笋""糟醉银杏"等。

该味型在运用当中，由于地区的不同，在菜肴中所体现的风味也有所差异，所以此味型可分为"清糟香型"和"浓糟香型"两类。"清糟香型"的口味特点主要体现为：糟香清悠，鲜咸爽口；"浓糟香型"的口味特点主要体现为糟香浓郁，鲜咸回甜。由于不同菜肴风味所需，或咸甜并重，或甜中带咸。

该味型中，香糟味主要来源于酒糟类及其衍生出的香糟味调味品。例如，酒糟（香糟）类，从颜色上一般可分为黄糟、白糟、红糟。香糟味调味品有：香糟酒（香糟卤）、香糟汁、醪糟汁（酒酿汁）、红糟酱、糟油、糟糊、糟蛋等。鲜咸味主要来源于盐、味精、鸡粉、高汤、白糖等调料。

此味型在运用当中，除运用以上某种"香糟"及其调味品和鲜咸味调味品外，由于不同菜肴的风味所需，还常酌情选用葱、姜、蒜、冰糖、胡椒粉、熟猪油、熟鸡油、香油、料酒以及少许普通酱油（仅为提色）和适量香醋（多用于醉制原料）等辅味调料。

### 九、酒香味型

此味型广泛用于热菜、冷菜中，多用于醉制鲜活虾、蟹，主要应用于以家禽、家畜、水产及部分蔬菜等为原料的菜肴。其口味特点主要体现为：酒香浓郁，咸鲜醇厚。由于不同菜肴风味所需，或略有回甜。

该味型中，"酒香"味主要来源于各国各地区所酿制的白酒、黄酒、红酒、露酒、啤酒等各种不同的酒。在调味中常见的有：中国的浙江绍兴黄酒（加饭、花雕、女儿红、香雪、白字等），广东米酒，江苏百花酒、福珍酒，安徽古井贡酒，山西汾酒，贵州茅台酒以及高粱酒、黄啤酒、红葡萄酒、白葡萄酒、干红葡萄酒（红酸葡萄酒、西餐多用于红酒沙司的制作）、干白葡萄酒（白酸葡萄酒）、白兰地酒、威士忌酒、香槟酒、格瓦斯、朗姆酒和各种露酒（如：广东玫瑰露酒、青梅露酒、柚子露酒、樱桃露酒等）。"咸鲜"味主要来源于盐、味精、鸡粉、高汤等调料。

此味型在运用当中，除运用以上某种"酒香"味调味品和咸鲜味调味品外，由于不同菜肴的风味所需，在中式调味中，还常酌情选用葱、姜、蒜、胡椒粉、白糖、冰糖、红曲水、红糟汁、熟猪油、熟鸡油、香油以及少许香料（如：花椒、丁香、八角等）和适量普通酱油、糖色（多为调色）。在西式调味中，还常酌情选用香叶、小茴香、胡萝卜、洋葱、芹菜、柠檬等辅味调料。

### 十、烟香味型

此味也称为烟熏味型，是在咸味和鲜味的基础上，加上烟熏的香味。是特指以腌制或烧烤以肉类为原料的菜肴，以稻草、柏树枝、茶叶、樟树叶、花生壳、糠壳、锯木屑为熏制材料，利用其不完全燃烧时产生的浓烟，使腌制上味的鸡、鸭、鹅、兔、猪肉、牛肉等原料再吸收或黏附一种特殊香味，形成咸鲜醇浓、香味独特的风味特征。如用樟树叶与茶叶熏烤的樟茶鸭子、用糠壳或谷草熏烤的腊肉、用柏树枝熏烤的香肠等，都各有不同的烟熏味道。烟香味型广泛用于冷、热菜式。应根据不同菜肴风味的需要，选用不同的调味料和熏制材料。这种味型的风味特点是咸鲜醇浓，独具芳香，香味独特。

### 十一、酱香味型

此味是常用味型之一，广泛用于冷、热菜式。是以酱类（例如豆酱、面酱、复合酱）、咸味、鲜味和甜味调味品构成。此味风味特点是酱香浓郁，甜咸兼鲜。多用于热菜。以酱类、食盐、酱油、味精、芝麻油调配而成（因不同菜品风味的需要，可酌加些白糖或胡椒面以及葱、姜等）。在调配过程中，需视酱类的质地、色泽、味道，并根据菜肴风味的特殊要求，决定其他调料的使用量。如果酱类的酸度过重，则应适量加些白糖；如果酱类色泽过深，则可用芝麻油或汤汁加以稀释，使颜色稍淡一些。应用范围是以鸭肉、猪肉、猪肘、鱼、豆腐、冬笋等为原料的菜肴。例如，"酱烧肘子""酱烧鸭子""酱烧豆腐""酱烧冬笋""荷叶蒸肉""酱汁鱼""京酱肉丝""酱爆肉丁""酱爆鱿鱼卷"等。

### 十二、葱油味型

葱油味型的特点是葱香味浓，清淡入味。用料为生油、葱末、盐、味精。葱末入油后炸香，即成葱油。葱含有刺激性气味的挥发油和辣素，能去除腥膻等油腻厚味菜肴中的异味，产生特殊香气，并有较强的杀菌作用，可以刺激消化液的分泌，增进食欲。

### 十三、咸辣味型

此味由咸味和辣味调味品调配而成，主要呈咸味和辛辣味感的味型。是以咸味调味品和以辣椒为代表的辛辣调味品构成(包括葱、姜、蒜、韭菜、洋葱、辣根、胡椒、芥末、荜拨、山茶等)。此味风味特点是咸辣味浓,兼有鲜香,常用于冷热菜。以食盐、辣椒、酱油、醋、味精、绍酒调配而成。在使用辣椒上,则因菜品而异,有的使用鲜辣椒片,有的用辣椒节,有的用辣椒面,并不都是一个样式。这个味型,还因不同菜式风味需求,可以酌加白糖、姜、葱、蒜、胡椒粉、芝麻油、花椒等。调配时,咸辣比例一定要恰当。白糖是缓辣,其他辅助味能起到提鲜增香的作用。应用范围是以猪肉、鸡、鸭、鱼、蔬菜等为原料的菜肴。例如,"白斩鸡""姜爆鸭丝""岐山臊子""泡菜鱼""南瓜苏豆皮卷"等。

### 十四、蒜泥味型

此味是以香辛蒜味、咸味、鲜味和辣味调味品构成。蒜泥,将大蒜去皮捣碎成泥状,就成了蒜泥。此味风味特点是蒜香味浓,咸鲜微辣稍带甜。以食盐、蒜泥、红(白)酱油、味精、白糖、芝麻油、红油等调配而成。调配中,在咸鲜微甜的基础上,重用蒜泥,并以红油辅助蒜香味的突出,再使用味精调和诸味、芝麻油增加香味。因此,除重用蒜泥外,还有红(白)酱油、食盐白糖、味精所组合的咸鲜微甜味道亦应浓郁;只有红油和芝麻油只起辅助作用,决不能喧宾夺主。在烹制过程中,将食盐、红(白)酱油、白糖溶化调匀,再加入味精、蒜泥、红油、芝麻油调匀。此味型多用于冷菜,在春、夏季最适宜;由于蒜泥味浓郁且蒜味突出,最宜用佐下饭的菜肴调味;但在味的配合上,要以不至于压住原料本味或者抵消其他菜肴的味道为宜。一般将蒜泥、盐、味精、芝麻油与食材一起拌合均匀使之入味,也可蘸汁佐味。其应用范围是以鸡肉、兔肉、猪肚及蔬菜为原料的菜肴。例如,"蒜泥白肉""蒜泥肚片""蒜泥黄瓜""蒜泥蚕豆"等。

最后值得注意的是因大蒜素易挥发,遇到空气会很快氧化,宜现吃现调拌,拌后即可食用,味才鲜美,确需提前制作的,需用保鲜膜将蒜泥捂住。一般需要是才制作食材与蒜泥的量搭配要适中。蒜泥过多会使味道辛辣,过少则会显得蒜香味不足。

### 十五、红油味型

此味是以咸味、鲜味、辣味和甜味调味品构成。此味风味特点是咸鲜香辣,回味稍甜,四季皆宜。是以食盐、红辣椒油、芝麻油、红酱油、白酱油、白糖、味精等调配而成。其中食盐一般用于定味,使原料预先有一定的咸味基础;白酱油提鲜味、定咸味;红酱油提色、增香,辅助白糖和味;白糖和味、提鲜、缓辣,使味更反复有味;以上几种调味品所组成的咸甜味,应是咸味适当,甜味以入口微有感觉为度。红油一定要突出香辣味,重用油而不宜辣味太甚;味精用量以菜肴鲜味突出为好;芝麻油增香、压异味，使香味更有反复;配制中应做到"咸里略甜，辣中有鲜，鲜上加香"。在调配过程中，先将红酱油、白酱油、白糖、味精调匀、溶化后，再加入红油、芝麻油调匀即可。

此味多用于凉拌菜肴，与其他复合味一般都不矛盾，佐以酒饭菜肴的调味菜都适合。但其原料应是本味较鲜的品种，如鸡、猪肚、猪舌、肉类和新鲜的蔬菜。即使用本味寡淡的原料，也应有带鲜味的品种配合(例如:"凉拌三丝"之类的菜肴)。常见的菜例有:"红油耳片""红油牛肚丝""红油笋片""红油皮扎丝"等菜品。要注意的是如果原料不用码味，盐就可以直接放入酱油中溶化。

### 十六、家常味型

此味是以豆瓣酱香、咸味、鲜味和辣味调味品构成。此味风味特点是咸鲜微辣，浓厚醇香。家常味型是四川首创的三大味型之一。其主要用料是郫县豆瓣、食盐、红(白)酱油三种调料。因菜式的不同风味需要，也可酌量加豆豉、元红豆瓣、泡红辣椒、绍酒、甜酱、混合油、蒜苗及味精等。

在配合中，豆瓣定味、主香辣，地位重要，在允许的幅度内，应尽量满足菜肴需要，以突出家常味的风味特点;食盐增香、渗透味，使菜肴原料在烹制前预先淡淡地有一定的基础咸味，但用量宜小;红(白)酱油和味、提鲜增色，用量宜少;豆豉是增加菜肴的醇香味，一般用量以烹制后有其香味为度;蒜苗为增香配料，用量以成菜后其香味宜人、色泽美观为佳;混合油滋润菜肴和增加香味，用量应满足调味的需要;绍酒是去异、解腻、增香。在烹制过程中，锅内将混合油烧至六成热，下主料，炒散子，加微量食盐，炒或烧干水气至亮油时，加入剁细的豆瓣，炒香上色，加入豆豉，再炒香，放入蒜苗，继续炒出香味，加入适量红(白)酱油搅拌均匀，起锅。此味咸鲜香辣，浓厚纯正，四季适宜，适宜佐酒下饭菜肴均可。在配合上，除与豆瓣抵消外，同其他复合味均较相宜。

其应用范围是以鸡、鸭、鹅、猪、牛、兔等家畜肉类为原料的菜品，以及海参、鱿鱼、豆腐、魔芋和各种淡水鱼类为原料的菜肴。例如，"生爆盐煎肉""回锅肉""家常豆腐""家常海参""家常牛筋""小煎鸡""太白鸡""熊掌豆腐"等菜肴，都是属于家常味型的菜式。

最后值得注意的是豆瓣一定要炒香上色，豆豉和蒜苗也要炒出香味。各调味品的用量一定要掌握好，应使香、辣、咸、鲜兼而有之，否则，风味全失。

### 十七、咸麻味型

此味是以咸味调味品和以花椒为代表的香辛调味品构成。此味风味特点是咸而麻香，兼有鲜味。常用于冷热菜。以食盐、花椒、酱油、味精、绍酒调配而成。在使用花椒上，则因菜品而异，有的使用花椒粒，有的用花椒面，并不都是一个模式。此味型，还因不同菜式风味需求，可以酌加白糖、醋、姜、葱、蒜、胡椒粉、芝麻油等。调配时，食盐与花椒的比例一般是1∶1的配制。味精是提鲜，白糖缓麻，其他辅助味能起到提鲜增香的作用。应用范围是以猪肉、鸡、鱼、蔬菜等为原料的菜肴。例如，"咸麻鸡块""咸麻里脊""香麻鱼排""清炸菠菜脯""生腌雪里蕻"等。

### 十八、椒盐味型

此味是以咸味调味品和以花椒为代表的香辛调味品构成。此味风味特点是香麻而咸，四季皆宜。这是热菜常用的味型。以花椒、食盐、味精调配而成。在调制过程中，须将食盐炒干水分并炒熟，舂成极细的粉末；再将花椒也炕熟，同样舂成极细的粉末。然后将花椒粉与食盐和味精按2∶1∶0.25的比例调配拌匀即可。最后注意的是花椒应选用上品；在炒花椒和食盐时火候宜小，防止炒焦；还有在调配此味型时，应现调制现用，不宜久放。搁久了，花椒的香麻味就会散失了，也就失去了此风味。椒盐味在组合上虽然比较单纯，但风味独具，所以都应是以咸鲜味基础和本味鲜美的菜肴（如软炸和酥炸类）。此味和其他复合味相配都较适宜，佐以下酒菜肴最佳。

应用范围以鸡、猪、鱼等肉类为原料的菜肴。例如，"椒盐八宝鸡""椒盐里脊""椒盐鱼卷"等。

### 十九、椒麻味型

此味是以咸味调味品和以花椒为代表的香辛调味品构成。此味风味特点是椒麻辛香，味咸而鲜。以食盐、白酱油、花椒、葱（叶）、白糖、味精、芝麻油等调配而成（因菜式的不同风味需要，也可酌量加些醋、胡椒粉等红辣椒等）。其调配中，食盐定咸味，白酱油辅助盐定味并提鲜；白糖和味、提鲜，用量以菜肴在食用时感觉不到甜味为准；味精增鲜，用量以菜肴入口就有感觉为好；以上各味所组合成的鲜味应醇厚宜人，要在此基础上重用葱和花椒，以突出椒麻味；用芝麻油辅助，可使椒麻的辛香更加反复有味，但芝麻油用量以不压椒麻香味为好。

在制作过程中先将葱叶、花椒加适量的食盐，一同用刀铡成极细的末，与白酱油、白糖、味精、芝麻油充分调匀。由于椒麻油除了麻香咸鲜外，还有清淡鲜香，其性不烈，与其他复合味都较适宜，宜用于凉拌菜品居多，四季皆宜，佐酒尤佳。

应用范围以鸡肉、兔肉、猪肉、猪舌、猪肚为原料的菜肴，例如，"椒麻鸡片""椒麻肚丝""椒麻兔丝""椒麻舌片"等。

最后值得注意的是一定要选用翠绿的葱叶，清香味才浓；其次是葱叶、花椒铡细后，最好用烧沸的热油烫过，其香味更浓；然后是调味时酌量加入鲜浓鸡汁，使食盐的咸度适中，提高鲜味。味汁的组合以不压低或掩盖原料的本色和本味为佳。

### 二十、咸甜酸味

此味是以咸味、甜味和酸味调味品构成。此味风味特点是咸香味浓，酸甜在其中，多用于热菜。以食盐、白糖、醋、酱油、绍酒等调配，并取葱、姜、蒜的辛香气味而成。调制此味时，需有足够的咸味，以食盐定味，用量以咸味突出为准。在此基础上方能显示酸味和甜味，醋、糖的比例应注意醋略少于糖，用量以酸甜味恰当为准。酱油起提鲜、增色的作用，并辅助定盐味；葱、姜、蒜、绍酒增香、提鲜、除异味；绍酒还有渗透调料（即入味）的作用。这些调料用量以菜肴烹制后略能呈现各自的香味为度，且用量不宜过重。应用范围以猪肉、鱼肉、腰子、虾仁为原料的菜肴。例如，"抓炒鱼片""抓炒里脊""抓炒虾仁""抓炒腰花"等。

### 二十一、糖醋味型

此味是以甜味、酸味、咸味和鲜味调味品构成（此味型有热菜和冷菜味型之分）。此味风味特点是甜酸味浓，回味咸鲜。此味仅用于热菜，以白糖、醋、食盐、酱油、葱、姜、蒜、味精、绍酒等调配而成。在调配中其原理是以食盐定味，酱油提鲜、增色，并辅助定咸味，用量以咸味恰当为准；在此基础上要重用白糖与醋，用量以突出甜酸味为宜；葱、姜、蒜、绍酒增香、提鲜、除异味；绍酒还起渗透调料（即入味）的作用；这些调料用量以菜肴烹制后略能呈现各自的香味为好；味精是提鲜和味，用量应恰当。应用范围以猪肉、鱼肉、海蜇皮以及蔬菜等为原料的菜肴。例如，"糖醋鱼""糖醋排骨""糖醋里脊"等；与复合味之间的搭配应发挥糖醋味的长处。四季皆可，夏天最适宜，佐以酒肴最佳。需要注意的是，此味醇厚而清淡，和味、除异味、解腻作用最强，但若过量，自身也发生"背味"现象。

### 二十二、荔枝味型

此味是以咸味、鲜味、甜味和酸味调味品构成。此味风味特点是酸甜似荔枝，咸鲜在其中。以食盐、醋、白糖、酱油、味精、绍酒等调，并取葱、姜、蒜特有的辛香气和味而成。在原理上此味与"糖醋味"只是甜酸味的程度不同而已；通常用糖醋味烹制的菜肴，食者一入口就能明显地感觉到甜酸味，而咸味只在回味时才有，所以咸味仅是糖醋味的基础。而荔枝味则是甜酸味和咸味并重，即用此味成菜后，食者能同时感觉到甜酸味和咸味；在掌握上，荔枝味的甜酸味要比糖醋味淡一些，咸味却要浓一些，至于葱、姜、蒜的香味和同量则基本相同；就实践体会来说，荔枝味的甜酸味中的酸味，应先于甜味，即食者具有先酸后甜的感觉（俗称"小糖醋味"或"小酸甜味"）。此味多用于热菜。但因不同菜肴风味的需要，有时甜酸味浓度略高一些,例如:"锅巴肉片"等;有时甜酸味浓度略低一些,例如:"荔枝腰块"等。荔枝味有和味、除异味、解腻的作用,四季皆宜,佐酒下饭的菜肴均可。最后提醒注意的是,因荔枝味自身不会发生"背味"现象,能与其他复合味配合。但畏糖醋味,切勿安排同席。应用范围是以猪肉、猪肝、猪腰、鸡肉、鱿鱼及部分蔬菜为原料的菜肴。例如,"锅巴肉片""合川肉片""荔枝腰块""荔枝凤脯""荔枝鱿鱼卷"等。

### 二十三、甜辣味型

此味由甜味和辣味调味品调配而成,主要以咸味、甜味和辣味调味品构成。此味风味特点是辣甜鲜香,回味略咸。是以特别的辣油与白糖、酱油、味精等调配而成。

四川、湖南、陕西、山西等地区,运用咸甜辣味时,还酌加些醋、蒜泥或芝麻油。这种味型多用于冷菜。调制此味的原理是须掌握其辣味应比麻辣味型的辣味轻,其甜味则要略重于家常味的甜。酱油提鲜味、定咸味并辅助白糖和味。白糖不仅提鲜、和味、缓辣,而且使辣味和甜味本身更加突出。此味适于以鸡、鸭、猪、牛肉等和家禽、家畜的肚、舌、心等肉脏为原料的菜肴以及块茎类鲜蔬为原料的菜品。例如,"甜辣白菜""甜辣猪肚""甜辣甘蓝"等。

### 二十四、酸辣味型

此味由酸味和辣味调味品调配而成,主要呈酸味和辣味的味型。此味风味特点是香辣咸酸、鲜美,清爽利口。多用于冷菜。以食盐、白酱油、红油、香醋、芝麻油等调配而成。酸辣味型具有刺激食欲、解腻醒酒、和味提鲜的作用,以酸辣清爽、鲜美可口的特点而深受人们喜爱。主要有胡椒酸辣味、辣椒蒜辣味、泡野山椒酸辣味、泡椒酸辣味、鲜椒酸辣味。

胡椒酸辣味:以食盐、白胡椒粉、姜米、陈醋、香油等调制,突出胡椒和老姜的辣味,以咸味为基调。

干椒酸辣味:以食盐、陈醋、干辣椒、姜米、香油、味精调制,突出辣椒的辣味和陈醋的酸香味,或使用红油或使用炸制的干辣椒和陈醋,有的加入一些花椒,如酸辣黄瓜、酸辣莴苣、酸辣白菜等。

泡野山椒酸辣味:使用泡制的野山椒以及泡汁,加入一些柠檬片,具有野山椒的辣和水果的酸味,也可加入一些花椒、葱姜蒜等,如泡椒凤爪、泡椒藕等。

泡椒酸辣味:借用泡椒中的乳酸酸味,将泡椒剁碎,酸味充分溢出,可辅以红油、葱姜蒜等,一种特殊的酸辣味。

鲜椒酸辣味:以新鲜的小米椒或鲜青椒剁成碎末,辅以酱油、陈醋、香油或泡菜盐水,有的还加入香菜末或蒜苗花,清香酸辣。

五种酸辣味中，无论哪种方式调制，都要以主料和辅料的多少来配制调味品的用量，以咸味为基调，突出酸辣。

注意两点：一是此味的香醋一定要选用上品；二是如有红辣椒是鲜品，可将其剁成细蓉泥，经盐、醋浸渍腌后来代替红油使用，别有风味。代表的菜例有："酸辣鸡丝""酸辣兔丝""酸辣莴笋丝"等。

以海参、鱿鱼、蹄筋、鸡肉、禽蛋、蔬菜为原料制作的菜肴，例如："酸辣蹄筋""酸辣蛋花汤""酸辣鱿鱼""酸辣虾羹汤"等。需掌握咸味是基础，没有一定的咸味，酸味就不好吃(这就是所谓"盐咸醋才酸"的道理所在)。酸与辣的关系，酸味是主体，辣味只是起辅助风味的作用，千万不要改变这层关系。否则，就调配不出正宗的酸辣味型来。

### 二十五、芥末味型

此味是以芥末味、咸味、鲜味、酸味和辣味调味品构成。是中、西餐调味中广泛使用的一种味型，在中国南、北方地区皆有应用。其广泛用于各种冷拌菜式，在热菜中也有所应用，在中国广东潮州和福建等地区的热菜中常用于蘸食。其主要应用于以家禽、家畜、水产、蔬菜等为原料的菜肴中，口味特点是芥辣冲香、咸鲜清爽或冲香而辣、咸鲜清爽。或略有回酸，或略有回甜，或回味酸甜。由于不同菜肴的风味所需，在中式调味中，还常酌情选用香醋、白醋、白糖、酱油、高汤、香油，以及适量的蒜泥、姜末、葱丝等辅味调料。在西式调味中，还常酌情选用辣酱油、香油、辣椒粉、茴香、白兰地酒等辅味调料。

制作以食盐定味，白酱油辅助盐定味、提鲜，用量以组成菜肴的咸度适宜为准；在此基础上，醋提味、除异味、解腻，用量以菜肴在用时酸味适宜为度；调配时重用芥末糊，以冲味突出为好；味精提鲜，是连接咸酸味与冲味的桥梁，使它们互相融合。但味精有降酸味的副作用，因此用量以在成菜后食者有感觉为限；芝麻油增香，用量以香味不压冲味为宜。

在调制过程中，将食盐、白酱油、醋、味精调匀，再加芥末糊(应将芥末用汤汁调散，密闭于盛器中，勿使泄气，临用时取出)，调均匀后，再淋入芝麻油。由于此味较清淡，用作春夏两季的下酒菜肴的佐味最好。但此味一般宜配本味鲜美的原料，同时与其他复合味组合均较适宜。应用范围是以鸡肉、鱼肚、猪肚、鸭掌、粉丝、白菜等为原料的菜肴。例如，"芥末肚丝""芥末鱼肚""芥末鸭掌""芥末鸡丝""芥末粉丝"等。

注意点：一是芥末糊现制现用，并在上菜时调配其味道更佳。二是如芝麻油加够量后，菜肴仍不滋润，可适量加些植物油。三是如调配的味汁色深，可减少酱油的用量，增大盐的用量，再酌加些凉冷的浓鸡汁。

### 二十六、麻酱味型

麻酱味型是以芝麻酱为主，再配上咸味、鲜味以及适量的甜味调味品构成。换句话，所用调料由芝麻酱、食盐、白酱油、白糖、味精、浓鸡汁、芝麻油调配而成。其风味特点是芝麻酱香，咸鲜纯正。此味凉菜多用，例如，麻酱面筋、麻酱凤尾笋、麻酱豆角等。调配时，食盐要适量，不宜多，要重用芝麻酱，以突出其香味；但因芝麻酱有败味的弱点，所以使用不可太浓；加入芝麻油，以增其香味；放入白糖是防止芝麻酱败味；味精的作用在于使此味"香中有鲜"。芝麻酱的量以香味突出为度；芝麻油只能辅助香味，用量以有压芝麻酱的自然香味为准。

### 二十七、酸麻味型

此味由酸味和麻味调味品调配而成，主要呈酸味和麻味的味型。是以咸味、鲜味、酸味和麻味调味品构成。以食盐、醋、花椒粉、味精调配而成。调配此味时，咸味是基础味，酸麻味才能突出（此味型通常是作为热冷菜佐餐的味碟）。风味特点是酸麻清香，咸鲜爽口。调配此味时，咸鲜味是基础味，酸麻味只有在咸鲜味的基础上才能突出。同样，这里的盐是定味，味精提鲜，醋除异、解腻，花椒香麻。

### 二十八、麻辣味型

此味是以咸味、鲜味、辣味和麻味调味品构成。风味特点是麻辣味厚，咸鲜而香。广泛应用于热菜式。主要由辣椒、花椒粉、食盐、白酱油、味精、绍酒、豆豉、蒜苗调配而成。是以食盐定基础咸味；白酱油和味、提鲜、增香；豆豉提鲜、并增加菜肴的香醇，并和白酱油二者的咸味辅助盐定味。上述三者组成的咸味。要以辣椒面、花椒粉不至于产生空辣、空麻，而是麻辣有味为度；辣椒面还能提色、定香辣味，用量以菜肴色泽红亮、香辣味突出为好；花椒粉香麻，用量以菜肴香麻味突出为宜；味精提鲜、和味，是连接咸味和麻辣味的桥梁，用量以菜肴入口就有感觉为宜；蒜苗增香并点缀风味，用量以成菜后能嗅出其味为宜。总之，要求在烹制后，此复合味应具有咸、香、鲜、麻、辣等特点。

在调制过程中，应先将豆豉（剁蓉）、辣椒面炒香至上色；添入鲜汤。放入原料，烧沸入味后，再加入白酱油、味精。蒜苗提味；收汁浓味起锅后，撒上花椒粉。其应用范围是以鸡、鸭、兔、猪、牛、羊等家禽、家畜肉类和家畜内脏以及豆腐为原料的菜肴。例如，"水煮肉片""麻婆豆腐""麻辣牛肉丝""麻辣肉干""毛肚火锅"等。此味最适宜烹制麻婆豆腐的调味（制作时一般还应佐以炒香的牛肉或猪油渣碎粒和高汤提味）。此味性烈而味浓厚，但麻辣鲜香咸等味道齐全，用以成菜，别具一格。适用于四季佐酒、下饭的菜肴佐味，与其他复合味都较适宜。

注意点：一是花椒、辣椒、豆豉、白酱油均应选用上品；二是有的则因菜肴的风味需要，掺和一定比例的郫县豆瓣，其风味更加醇厚鲜香；三是此味虽然重用麻辣调味料，但并不是要辣得令人没法食用，而是要掌握辣而不死，辣而不燥，并使人感到有鲜味。

## 二十九、鱼香味型

此味是以咸味、鲜味、甜味、酸味和辣味调味品构成。此味风味特点是咸鲜酸辣兼备，葱姜蒜香气浓郁。鱼香味型是四川首创的三大味型之一，广泛应用于冷热菜式，是以食盐、泡红辣椒、白酱油、白糖、醋、味精、姜（或泡姜）、葱、蒜调配而成。调配中其原理是在热菜中，盐与原料码芡时上味，使原料有一定的咸味基础；白酱油和味提鲜，与盐配合定味；泡红辣椒使菜肴带鲜辣味，突出"鱼香"味，用量宜大；葱、姜、蒜增香、除异味，用量以成菜后香味突出为准；白糖和醋所组成的酸甜味应在成菜时有明显的感觉为好；味精提鲜，用量适当；"鱼香"味烹调成菜后应是：色泽红亮，鲜辣爽口，香味突出，咸味适当，甜酸味呈食荔枝感，并使诸味融为一体，似"鱼香"。

在调制过程中盐与原料在码芡时上味；用白酱油、葱、白糖、醋、味精兑成芡汁；锅内混合油烧至七成热时，投入原料；炒散后，加入剁成蓉的泡红辣椒，炒香上色；再加姜、蒜煸炒出香味；原料断生，烹入芡汁；收汁亮油起锅。

在其用于冷菜时，调料不用下锅，也不用芡，醋应略少于热菜用量，而盐的用量则应较多一点。

其热菜应用范围是以家禽、家畜肉类和蔬菜以及禽蛋为原料的菜肴，特别适用于炸、熘等烹调技法之类的菜品，例如："鱼香肉丝""鱼香烘蛋""鱼香茄饼""鱼香八块鸡""鱼香油菜薹"等；冷菜应用范围是以豆类为原料的菜肴，例如："鱼香青豆""鱼香豌豆"等。此味除忌与用鲜鱼烹制的菜肴同食外，与其他复合味一般无矛盾。四季皆可，佐酒、用饭之菜肴均可。

注意点：一是在调配色香味的调料中，是以泡红辣椒为首（如有鲜红辣椒更好），其次才是其他调味品，而且没有泡红辣椒就不可能成为正宗的"鱼香"味；二是勿将泡红辣椒、姜、蒜丝炒焦；三是根据菜肴的数量，可在收汁时加醋，亮油起锅。

## 三十、陈皮味型

此味是以芳香、咸味、鲜味、甜味、酸味和麻味调味品构成。其具体应用方法如下。此味风味特点是陈皮芳香，麻辣味厚，略有酸甜。这种味型仅仅用于冷菜。是以陈皮、食盐、酱油、醋、花椒、干辣椒节、白糖、红油、味精、醪糟汁、葱、姜、芝麻油调配而成。在调配中，陈皮的用量不宜过多，过多则回味带有苦味；白糖和醪糟汁在此味型中仅仅是为了缓麻辣并增加鲜味，用量以略感有回甜味为宜；酱油和味提鲜，与盐一起配合定基础咸味，用量宜少不宜多；味精提鲜、和味，用量不宜多；麻辣是主味，一定要突出麻辣味，用量相应大一些；而酸味只是起辅助风味的作用，用量适宜；红油增香、滋润菜色，用量酌情；葱、姜、芝麻油增香，用量少许。应用范围是以家禽、家畜肉类等为原料的菜肴。例如："陈皮鸡""陈皮牛肉""陈皮兔丁"等。此味适用于四季佐酒的菜肴佐味，与其他复合味都较适宜。

### 三十一、鲜咸酸甜辣麻味

此味俗称煳辣味型，是以鲜味、咸味、酸味、甜味、辣味和麻味调味品构成。此味风味特点是香辣咸鲜，回味酸甜。广泛应用于冷热菜式，是以食盐、干红辣椒节、花椒粒、红（白）酱油、醋、白糖、胡椒粉、味精、葱、姜、蒜、绍酒调配而成。调配中，盐用于原料在码芡时入基础味；红（白）酱油提色、增鲜，并辅助盐定味，三者用量以菜肴色泽棕红、咸度恰当为好；绍酒除异味、增香、提鲜、解腻并渗透调味，用量适当；干红辣椒节增加菜肴的香辣味和提色，用量以辣而不燥为佳；花椒增加菜肴的香麻味，用量要与干红辣椒相适应；白糖、醋和味、提鲜，决定菜肴在咸味基础上的甜酸味，用量以菜肴在食用时有如荔枝的甜酸味为好；胡椒粉、葱、姜、蒜主要是增香、除异味，用量以不压菜肴的鲜味、辣味、麻味为好；味精提鲜、和味，用量恰当；在调制过程中，先将盐、红酱油用于原料上浆时入味；将红（白）酱油、胡椒粉、葱、姜、蒜、白糖、醋、绍酒、味精兑成调味芡汁；炒锅内，待油烧至六成热时，投入干红辣椒节、花椒粒，炸或烧至香酥，放入原料炒至断生；烹入芡汁，收汁亮油起锅。应用范围是以家禽、家畜肉类以及蔬菜等为原料的菜肴。例如热菜中的"宫保鸡丁""宫保兔花""宫保腰块"等；冷菜中的"炝绿豆芽""煳辣莲白""炝莴苣丝"等。此味一般用于宫保类菜肴的调味，其味独特，烈而不燥，浓厚清淡兼而有之，与其他复合味都较适宜，四季皆宜，成菜后用以佐酒、下饭均可。

辣香是这种味型的重点。这种辣香，是通过干辣椒节在油锅里干烧，使之成为煳辣椒壳而产生的味道（即：煳辣味）。烧干辣椒节火候不到，或火候过头（也就是说：将干辣椒节不能干烧或炸焦黑。否则，就会出现焦苦味）都会影响辣香味的产生，因此要特别留心。

### 三十二、怪味味型

怪味味型是四川首创的三大味型之一，多应用于冷菜式。是以咸味、鲜味、甜味、酸味、辣味和麻味调味品构成。此味风味特点是咸、甜、麻、辣、酸、鲜、香并重且协调。是以食盐、红（白）酱油、红油、花椒粉、白糖、醋、芝麻酱、芝麻油、熟芝麻、味精、葱花、姜米、蒜米调配而成。调配时，以上各种调味品所组成的咸、甜、麻、辣、酸、鲜、香等味，都应相宜地放入菜肴内，使食者有所感觉。因集成味于一体，各味平衡又要达到十分和谐，才能将怪味的特点表现出来。调制怪味的各种调味品，要求比例恰当，互不压抑，相得益彰，层层定味。

在调制过程中，先将盐、白糖在红（白）酱油内溶化后，再与味精、芝麻油、花椒粉、芝麻酱、红油、熟芝麻充分调匀。应用范围是以鸡肉、鱼肉、兔肉、花生仁、核桃仁、蚕豆、豌豆等为原料的菜肴。例如："怪味鸡丝""怪味花仁""怪味酥鱼""怪味兔丁"等。此味适合佐以本味较鲜的原料，但不宜与红油、麻辣、酸辣等复合味相配。一般用于佐酒菜肴的调味最佳，四季皆宜。

注意点：调配此味，无论方法怎样变换，其基本原理不能更改，即：所参与组合怪味的调味品，应比例适当，互不压抑，才能相得益彰。即各单一味都能够相辅相成，并在复合味中和原料融为一体，从而使菜肴所具有的多种反复的味道，能被食者有所感觉。

### 三十三、香辣味型

此味型是中西餐调味中均有使用的一种味型，在中国北方地区运用非常广泛，广泛运用于冷热菜中，主要运用于家禽、家畜、水产、豆制品以及块茎类蔬菜，香浓微辣，咸鲜醇厚，有的略带回甜，有的略带回酸。香辣味，也称咸鲜香辣味。它由多种调料调和而成，风味独到，反映了调味变化的精微。香辣味适应范围广泛，变化多端，既有味型的规律性，又有其灵活性，可用于炒、爆、馏、炸、煸、卤、煮、蒸、烧、烤等烹制法，适用于鸡、鸭、鱼、肉、水产品及蔬菜等原料。香辣味的基础味是咸鲜味，配以八角、三奈、陈皮、广香、桂皮、丁香等香料形成香味，再加上干辣椒、鲜红辣椒、鲜青辣椒、辣椒酱、泡红辣椒等形成辣味，辣香味浓。

### 三十四、孜然味型

此味型是烧烤食品的主要味型，利用孜然粉、辣椒粉、食盐等加工而成，咸鲜香辣，孜然味浓。孜然又名安息茴香，维吾尔族称之为"孜然"，来自于中亚、伊朗一带。其籽实长 4.5～6 毫米，宽 1～1.5 毫米左右，富油性，含浓烈香味，外皮呈青绿或黄绿色。它主要用于调味、提取香料等，是烧烤食品必用的上等佐料，口感风味极为独特，富有油性，气味芳香而浓烈。孜然也是配制咖喱粉的主要原料之一。烧烤时，食物要刷上一层油脂，有助于孜然粉等调料的烤制，使其香味溢出。热菜中，也常用来制作热菜，如孜然羊肉、孜然面筋等。

用孜然加工牛羊肉，可以去腥解腻，并能令其肉质更加鲜美芳香，增加人的食欲。

### 三十五、咖喱味型

咖喱粉是以姜黄为主加入白胡椒、小茴香、桂皮、干姜、花椒、八角、茴香、芫荽籽、甘草、肉豆蔻等多种香辛料配制的粉末状调味料。烹饪中具有去腥除异、调相增色的作用，是多种中西菜常用的调味料，为"咖喱味型"必用的原料。多用于烹调牛肉、羊肉、鸡、鸭、马铃薯的菜式，也常用于汤品中。

咖喱粉是用多种香料配制研磨成的一种粉状香辛调味品，色黄味辣，很受人们欢迎。有些人在使用时直接将其添加在菜肴里，这是不正确的。这是因为咖喱粉味虽辛辣，但香气不足，并带有一种药味。正确的使用方法是在锅中放些油，加些鲜姜、蒜等进行炒制，将其炒制成咖喱油，再去使用，这样不仅去掉了药味，而且芳香四溢，金黄香辣，别有风味。

### 三十六、蚝油味型

蚝油味型是鲜咸味之一，由于使用蚝油的菜肴很多，且风味独特，因此便形成独特的蚝油味型。

蚝油是用蚝（牡蛎）熬制而成的调味料。蚝油是广东常用的传统的鲜味调料，也是调味汁类最大宗产品之一，它以素有"海底牛奶"之称的蚝牖牡蛎为原料，经煮熟取汁浓缩，加辅料精制而成。

蚝油味道鲜美、蚝香浓郁，黏稠适度，营养价值高，亦是配制蚝油鲜菇牛肉、蚝油青菜、蚝油粉面等传统粤菜的主要配料。

此味型适合烹制多种食材，如肉类、蔬菜、豆制品、菌类等，还可调拌各种面食、涮海鲜、佐餐食用等。因为蚝油是鲜味调料，所以使用范围十分广泛，凡是呈咸鲜味的菜肴均可用蚝油调味。蚝油也适合多种烹调方法，既可以直接作为调料蘸食，也可用于焖、扒、烧、炒、熘等，还可用于凉拌及点心肉类馅料调馅。

蚝油不仅可单独调味，还可与其他调味品配合使用。用蚝油调味切忌与辛辣调料、醋和糖共享。因为这些调料均会掩盖蚝油的鲜味和有损蚝油的特殊风味。

### 三十七、腐乳味型

此味型是在南方地区广泛使用的一种味型。其广泛用于各种热菜。主要应用于以家禽、家畜、水产、蔬菜等为原料的菜肴。其口味特点主要体现为：腐乳香纯，鲜咸微甜。

该味型中，"腐乳味型"主要来源于中国各地区所产的各种不同的腐乳，如：红腐乳、青腐乳、白腐乳、玫瑰腐乳、黄酱腐乳、油方腐乳等。"鲜咸"味除来自腐乳本体外，还来源于味精、高汤、精盐等。

乳腐在使用前要先捣碎，最好用细箩筛过，滤去渣粒，入容器后加清油适量搅匀成腐乳酱，用适量清油封顶，以防变干。中国各地区多以本地区所产的腐乳制作此味型的菜肴。

在实际运用当中，本味型及其双复合和多复合味还常来自于市场所出售的该种复合味调味品及厨师所调制的味料和烹制的菜肴中。

成菜色泽红艳，肉质滑嫩，香气浓郁，味咸鲜而微甜。

综上所述，在使用调味品调配不同味型时，因选用调味品的种类配比不同，其味觉是有较大差异的，应根据调味的原则，灵活掌握。例如："辣麻味型"（俗称麻辣味）应以辣麻味为主，其他味（咸、鲜味等）为辅；再如："咸甜味型"就可以分出甜味进口、咸味收口；以咸味为主，甜味为辅，或者微有甜味等多种口味。另外，还有一点应该引起注意的是，调味品除了极个别外，大多数本身就是多味组合体，如酱油，虽然主味是咸味，但还有鲜、甜、辣、酸、苦等味。

# 第 四 章

调味

中国烹饪的发展经历了七八千年的历史，被称为"美食大国"。我国烹饪能够独立于世界烹饪之林，这是与它精致的刀法、适当的火候、精细复杂的调味和精美的食器分不开的。归纳而言，乃一"精"字。

有句古话说得好，"民以食为天，食以味为本"。食是维持人体生理的能量来源，随着社会的文明进步，人们对饮食的要求也越来越高，既要吃好、吃饱，又要吃得有滋有味。我国是个地大物博的多民族的国家，地区气候的差异，生活习俗的不同，使东西南北的菜肴形成各具风味的民族菜系和地方菜系。常言道：众口难调。我国人口众多，各民族各地区口味有别，因此在烹饪调味中也就各有调味之法。在我国的四大菜系中，以川菜调味最为复杂。享有"一菜一格，百菜百味"之美誉。

调味是利用各种调味品，对烹饪原料进行定性调味和辅助调味，以除去原料中的异、腥、臊等味，赋予鲜美、纯正、可口的口味，叫作调味。但是调味也要因材而施调。《吕氏春秋·本味篇》说："调味之法，相物而施，五味调和，全力治之。"所说"五味"即是我们生活中常见的酸、甜、苦、辣、咸。此五味中投放量的多少，次序的先后，均要适宜，乃称之为"五味调和"。川菜在"味"字上尤为突出，素来以味多、味广、味厚著称。仅辣椒的种类就有十多种，并配以花椒、姜、葱、豆瓣、糖等调味品，调成了千变万化的风味菜肴。较有名的如合川肉片、鱼香肉丝、麻婆豆腐等，其口味各异，各有千秋。在小吃点心中更以调味居多。如重庆担担面，调味吃法数十种，久吃不厌，口味皆异；有名的"铜井巷素面"，便是保留了麻辣风味，乃是精制的麻酱所构成的独特味。四川菜，就是有效地利用各种调味品，配以厨师精湛的手艺，烹制出具有风格化的四川菜肴。目前，川味火锅也已走向全国，并开始走向世界，难怪人们评价川菜是"清鲜醇浓，麻辣辛香，一菜一格，百菜百味"。

相比之下，粤菜则是因地理、气候等不同，使调味多为新的调味汁，如浓汁、OK汁、鲜柠汁，酱有沙拉酱、柱候酱等。诸多的调味品，使粤菜形成了夏秋清淡、冬春浓醇的口味，且五滋六味，相辅相成，恰到好处。中国菜肴体现了"南甜、北咸、东酸、西辣"的特点，真是"食无定味，适口者珍"。

世人这样评价世界各国的菜式："美国菜时髦，俄国菜实惠，印度、阿拉伯菜多忌讳，日本菜是眼睛的菜，法国菜是鼻子的菜，而中国菜则是舌头的菜"。由此可见，我国的烹饪是以调味而著称于世界的。我国烹饪之所以享誉世界，就是得力于味。

需要指出的是，社会在发展，人们的口味要求也在力求新异。但是无论从哪方面谈，调味都要根据民情、风俗习惯、口味而调。把握准确，才能调制出合口的美味。清代美食家袁枚说:"善烹调者,酱用伏酱,先尝甘否;油用香油,须审生熟;酒用酒酿,应去糟粕;醋用米醋,须求清例"。只有合理地使用调味品,巧施手艺,才会"一锅巧做千样饭,五味调和百菜香"。

# 第一节 调味的原则

所谓调味，就是在烹制过程的某一环节，按照菜肴的质量要求和适当比例投入调味料，使菜肴具有色、香、味俱佳的品质特征。调味是烹调中的一项重要措施，对菜肴的色、香、味起着重要的作用。通过原料与调味品适当配比，在烹调食物过程中不断发生各种物理变化与化学变化，以除去恶味、增加美味的一项烹制食物的技术，是烹调技术的一个重要环节，直接关系到菜肴的质量。用多大的火力，什么时候翻动，调味要符合原料本身的性质，这些都与菜肴的质量密切相关。客人对味的要求高，厨师对味的调制要更加灵敏，应有突破，有所发展，对调味要有更深、更全面的研究。

"调"源于盐的利用，与"烹"有机结合为"烹调"。

"味"和"调味"，是烹饪行业永久性的话题。"味"，《辞海》中的第一解释是"滋味;气味"。至于什么滋味，什么气味，《中国烹饪辞典》讲得很清楚，就是"指那些能引起食欲，使人们感到快感的滋味"，而所谓"调味"，全国统编烹饪技工教材《烹调技术》中说得最清楚："去除异味，增进美味，确定口味。"由此看来，"调味'，就是指菜肴在制作过程中，运用调味料在"火"的参与下，使主配料与调味料相互作用，调理出人们愿意接受的滋味，去除人们不愿接受的异味，从而形成菜肴独特风味的全部加工过程。

"味是菜之母"，知道了"味"对菜肴的重要性，掌握了"调味"的工序，也不一定能调理出好的"滋味"。就像文人会写汉字，不一定能写出一手好毛笔字，"识谱"的人不一定会作曲，画家绘出的也不一定张张幅幅是名画。古人说，知人难，知味更难，不然，就没有"食无定味，适口者珍"这一说法。看来，调味是一门艺术，要像对待其他艺术一样，需要思考，需要用心，需要下功夫，需要倾注情感。当然，美味是不可能有统一标准的，不同的人对不同的味有不同的喜好。味是人的感觉，常常因人而异，因物而异。《镜花缘》第十二回讲："因燕窝价贵，一肴可抵十肴之费，故宴会必以此物为首，既不恶其形似粉条，亦不厌其味同嚼蜡，及至食毕，客人只算吃了一碗粉条子，又算喝了半碗鸡汤……"，食者吃燕窝图的是一个"贵"字，烹者做燕窝求的是一个"味"字。

人美在心，菜美在味。作为厨师，从厨学艺一定要在调味上下功夫，力争调理出大多数人都愿意接受，符合菜肴应有味型标准的滋味。绝不能犯那种满桌菜肴"吃起来没有看上去那样好"的通病。酸甜苦辣咸麻香，要把一桌菜肴组合得五味调和，否则食者不满意，出力不讨好。美味还须巧手调。能使原料有味者出味，无味者入味，去腥除膻增鲜扬美，调味就必须遵循一定的规律。这个规律我们可以简单称其为调味工序的"加减乘除"。

对调味的基本要求，《吕氏春秋·本味篇》早就提出过如下原则："甘而不浓，酸而不酷，咸而不减，辛而不烈，淡而不薄"。烹制菜肴遵循一般规律，弄清原料、配料、调料的不同性味和加热后形成的新味，扬其长，掩其短，再加上调味品的多少；早放晚放；独用、混用；烹前、烹后定味、辅佐；单味、复合等，在加放调味品前都必须搞清楚，弄明白。美味是运用调味品增减在火候的参与下调制出来的，并不是调味品的搭配组合就能形成美味。而且，绝大多数菜肴的美味都必须在盐的助力下才能显现出来。

凡菜必加调味品，不加调味品的菜是不存在的。需要加进食盐后才能显味的除鸡汤外，还有很多。比如，多数山珍海味类原料如燕窝、菌类（猴头、竹荪、香菇、银耳）、笋类菜，要有高汤的辅佐和其他调味料的配合；如鱼翅、鲍鱼、海参、鱿鱼、干贝、海米类除了要有鸡汤的参与外，还要增放其他调味品，以达到合理调味，方能显出美味。这便是菜肴调味的"加"法，用得最多。

对于需要突出菜肴本料鲜品的鸡、鸭、鱼、虾、蟹和时鲜果蔬，调味品的用量、品种则要少。而且，味重的调料、增色的调料、盖味的调料，一般不用。对适合选用的调味料，也应单用，最好不要复用或混合用。如鸡、鱼、虾、蟹喜姜味，鸡肉喜葱味，葱、姜应分开单用，才能突出这类菜肴的本味或鲜味。烹制时鲜果蔬类原料，不能选用增香类调料，只能选用淡鲜类调料，否则，果香、蔬鲜的本味难以突出。这应称其为菜肴调味的"减"法，使用时宁少勿多。

比调制鲜味类菜肴增加一倍以上调味品的，需要运用调味的原料从而达到增进美味的，一般为五香类、醇香类菜肴。例如，选取用畜、兽类原料中的猪肉、羊肉、牛肉、狗肉、驴肉、骡肉等，这类原料多有腥、膻、臊等异味，需要增加芳香、幽香、酒香、浓香类调味品，而且所需品种多，用量大，色泽不限，以此来调制成独具特色的香醇。

畜、禽、兽肉原料的肚、肠、头、蹄下货和蹄筋、皮肚类干货，腐臭味大，需要在发制、清洗过程中利用碱、矾、盐、醋、酒、火、灰等去除其浓烈的异味，然后再进行调味，使菜肴出香。还有一些肉鱼类甜酸味、蜜汁、蜜腊味菜肴，调味时应成倍减少感味类调料，使菜肴突出酸甜、甜酸、纯甜、蜜甜而微咸，形成应有的风味。

了解和掌握调味的原则是做好菜肴的关键，调味的原则就是在调味的过程中应遵循的规律，要根据原料的性质、食用者不同口味、季节及菜肴的种类进行操作。

一、调料的投放要恰当、适时、有序

决定菜肴的主味：首先要决定菜肴的主味，之后按主味的要求，正确进行调味;做同一种菜肴,无论烹制多少次,口味要做到始终一致。

要根据烹饪原料本身的品质特性,选用适合的调料,同时要了解调料本身的性质,做到因材施艺。调料投放时,应选择最佳时机,使用多种调料时,应根据每种调料自身的性质和性能,按一定顺序投放,最大限度地体现出调料的调和作用。下料时要注意三点:恰当地掌握好调料的用量;掌握好投料的顺序,投料要突出主味,不忘辅味;操作时应当做到操作熟练,下料准确、适时,并且力求投料规格化,有固定的程序。

### 二、根据烹饪原料的性质调味

渗透力弱的调味品先加,渗透力强的调味品后加。例如先放砂糖,其次是食盐、醋、酱油、味精。如果先放食盐,就会阻碍糖的扩散,因为食盐有脱水作用,促进了蛋白质的凝固,使食物表面发硬且具有韧性,砂糖渗入就很困难。没有香味的调料(食盐、砂糖等)可在食物中长期加热而无妨;有香味者则不可如此,以免香味散逸,因此不可早加,这就是醋和酱油应在食物起锅前再添加的理由。

在调理滋味时应充分了解烹饪原料的性质,切不可千篇一律,一概而论。对于鲜美的原料,调味时应以调味的滋味衬托出烹饪原料的美味。对于本身带有腥、膻、臊、臭、苦、涩、腻等异味的原料,调味时应用较重的滋味抑制异味,或用调料除去异味,对于本味极弱的原料,调味时要补充增进滋味。

凡是鲜活的荤素原料,要保持它本身的味道,切忌被调味品所掩盖。如鸡、鸭、鱼、虾、肉类、蔬菜等,均不宜过咸、过酸、过甜、过辣等,要注意保持其本身的鲜美味;不新鲜的原料和带有腥膻异味的原料,如牛、羊、内脏等,应多加酒、糖、胡椒、花椒、五香、葱、蒜、姜、干辣椒等调味品,以达到去除腥膻异味的目的,并促其鲜香;有些原料本身无显著的鲜味,如海参、木耳、发菜等,要适当增加调味品,以增加其鲜味。

### 三、根据季节的变化合理调味

人们的口味往往随着季节的变化而有所不同,春天口味偏酸,夏季口味偏苦,秋天口味多辣,冬天口味偏咸。调味时应考虑这种口味的变化。从气候上讲,夏季比较炎热,易出汗,食欲较差,人们比较喜食清淡、爽口的菜肴;而冬季比较寒冷,人们比较喜食味较浓厚的菜肴,俗话说"春酸""夏苦""秋辣""冬咸"就是这个道理。因为春天易感疲劳、发困倦,酸味可以提神;夏天,苦味(苦瓜)性凉,能解暑;秋天,辣味能去凉提热,帮助人体适应气候的变化;冬天,多吃些盐可以增加人体热量,帮助人体抵御寒冷。

## 四、根据食者的口味要求调味

"食无定味，适口者珍"。不同地区的人，其口味千差万别，因此在烹制调味时，应以人为本，必须充分了解食者的口味要求。

人们的口味随地区、作物生产及风俗习惯的不同各有差异。"食无定味，适口者珍"，就是说明调味因人的口味而定，如江苏人喜甜，山西人喜酸，四川人、湖南人喜辣，广东人喜清淡，湖北人、西北人爱吃咸味，北方人喜欢吃带葱蒜味的菜等。因此四川客人要求厨房在清炒的菜肴中放入辣椒，那么就应该打破清炒的常规，在调味过程中加入辣椒，这样才能满足客人的需要，又真正达到了烹饪的目的，实现了烹饪的本来意义。

## 五、根据菜品风味特点进行调味

烹调技艺经过长期的发展，形成了具有各地不同特点的风味。同名菜其调味方法略有差别，如"干烧鱼"，川味以辣为主味，咸鲜为辅味；苏味以甜为主味，其他为辅味；北方地区以咸为主味，其他为辅味，可谓各具特色。

## 六、调味必须下料准确而且适时

要按照所做的菜肴准确下料，切忌无目的地下料或乱放乱投，这样是达不到调味效果的。调味的重点是按照菜品的风格充分利用调味品。如新鲜的鸡、鱼还有虾等原料，本身就具有特殊的鲜味，在烹调的过程中，调味下料时应注意适可而止，追求原汁原味，不宜加入过多的调味品，以免掩盖其天然的鲜美滋味。如原料存放时间长失去了鲜味，则调味可适当重些，以解除异味。又如对本身味道浅淡的原料，要着重使用加鲜、加香的调味品来定滋味。对于腥膻味较重的原料，在调味过程中应先加入料酒、姜、葱等去除腥膻的调料，然后再加入其他调料，配置适当比例，再适时投放烹制。

味精在菜肴烧好后盛盘之前添加为好，而且最好只在汤菜中使用。炒鸡蛋不要放味精，因为鸡蛋中含有许多与味精成分相同的谷氨酸钠，炒鸡蛋放味精，不但增加不了鲜味，还破坏了鸡蛋本身的天然鲜味。

## 七、选用优质的调味品

调味品的好坏直接关系到菜肴调味的美感，没有优质的调味品，就是技术再好的厨师也难以调制出美味的佳肴。作为一位合格的烹调师，应具有较强的调味品鉴别能力，否则会影响到菜肴质量。

目前许多人工合成的调味品冲击市场，以劣充优，损害消费者利益。更可怕的是一些调味品无质量保证，会对饮食者的身心健康带来直接危害。这就要求烹饪工作人员要有极高的判断调味品真伪的能力。

## 八、应用新的调味品

人们对调味的要求越来越高。随着厨艺交流的日益广泛，一些新的调味品相继出现，如日本烧汁、南韩蒸鱼汁、香港 XO 酱等。这些调味品的引入，丰富了菜肴调味的内容，增加了菜肴的新口味和新品种。

# 第二节 调味的作用和方法

## 一、调味的作用

调味能使淡而无味的原料获得鲜美的滋味。如海参、豆腐、粉皮等原料，本身不具备鲜美的滋味，必须用多种调味品调和，才能成为滋味鲜美的佳肴。

### 1.确定滋味

调味最重要的作用是确定菜肴的滋味。能否给菜肴准确恰当定味并从而体现出菜系的独特风味，显示了一位烹调师的调味技术水平。

对于同一种原料，可以使用不同的调味品烹制成多样化口味的菜品。比如鱼片，佐以糖醋汁，出来的是糖醋鱼片；佐以咸鲜味的特制奶汤，出来的是白汁鱼片；佐以酸辣味调料，出来的是酸辣鱼片。

对于大致相同的调味品，由于用料多少或烹调中下调料的方式、时机、火候、油温等不同，可以调出不同的风味。例如都使用盐、酱油、糖、醋、味精、料酒、水淀粉、葱、姜、蒜、泡辣椒作调味料，既可以调成酸甜适口微咸，但口感先酸后甜的荔枝味，也可以调成酸甜咸辣四味兼备，而葱姜蒜香突出的鱼香味。

### 2.去除异味

所谓异味，是指某些原料本身具有使人感到厌烦、影响食欲的特殊味道。原料中的牛羊肉有较重的膻味，鱼虾蟹等水产品和禽畜内脏有较重的腥味，有些干货原料有较重的臊味，有些蔬菜瓜果有苦涩味。这些异味虽然在烹调前的加工中已解决了一部分，但往往不能根除干净，还要靠调味中加相应的调料，如酒、醋、葱、姜、香料等，能有效地抵消和矫正这些异味。

### 3.减轻烈味

有些原料，如辣椒、韭菜、芹菜等具有自己特有的强烈气味，适时适量加入调味品可以冲淡或综合其强烈气味，使之更加适口和协调。如辣椒中加入盐、醋就可以减轻辣味。

### 4.增加鲜味

有些原料，如海参、燕窝等本身淡而无味，需要用特制清汤、特制奶汤或鲜汤来煨制，才能入味增鲜；有的原料如凉粉、豆腐、粉条之类，则完全靠调料调味，才能成为美味佳肴。

## 5. 调和滋味

一味菜品中的各种辅料，有的滋味较浓，有的滋味较淡，通过调味实现互相配合、相辅相成。如土豆烧牛肉，牛肉浓烈的滋味被味淡的土豆吸收，土豆与牛肉的味道都得到充分发挥，成菜更加可口。菜中这种调和滋味的实例很多，如魔芋烧鸭、大蒜肥肠、白果烧鸡等。

## 6. 美化色彩

有些调料在调味的同时，赋以菜肴特有的色泽。如用酱油、糖色调味，使菜肴增添金红色泽；用芥末、咖喱汁调味可使菜肴色泽鲜黄；用番茄酱调味能使菜肴呈现玫瑰色；用冰糖调味使菜肴变得透亮晶莹。

## 二、调味的方法

七味虽各有其妙，但也须合理使用，方能达到菜肴所需的风味、气质、美感和神韵特色。用盐，应达到"咸而不碱（苦涩）"；甜则"甘而不浓"；酸则"酸而不过（过酸）"；辣则"辛而不烈"；苦则"苦而不显"；鲜则"鲜而不恶（反味）"；香则"香而不艳"。在烹调中要掌握好调味的方法。

调味的方法，就是使调味品有效成分渗透到原料中去。主要有以下几种：

对流法：是将味料下入砂锅、汤锅中，利用沸水和蒸汽的作用，使呈味物质在汤汁或芡汁中均匀分布，使原料吸收味汁。

扩散法：是在原料上淋上酒、醋等挥发性调味品，略加搅拌或者适当加热，通过呈味物质分子扩散，使菜入味。

渗透法：是利用水的浸泡性，使呈味物质浸入原料，利用盐的渗透力，使呈味物质"挤"进原料，能保存原料的天然美味。

化学分解法：是将原料加热，使蛋白质水解，析出含有鲜味的谷氨酸，含有甜味的甘氨酸，含有香味的醇、酮、酚。也可将蔗糖置于油水溶液中熬炼，转化成葡萄糖、果糖和可以增香的麦芽酚，增添拔丝糖的芳馨；还可以用酒、醋、糖与鱼鲜原料发生作用，内发外减，使二甲氨的腥味排出，氨基酸的鲜香味增加。

通过调理达到菜肴诸味的和谐，不但能提高人的食欲，而且从我国传统的养生哲学来看显得更为重要。五味与人体五脏具有相对应的关系：酸入肝，咸入肾、辛入肺，苦入心，甜入脾。也就是说，五味入口以后，先藏于胃，再养五脏之气。

随着人民生活水平的不断提高，食者对菜品的色、香、味、形的要求也越来越高。这就需要厨师和家庭烹饪者在实践中掌握好合理调味。

不同的菜肴，要采用不同的调味程序。归纳起来，大体有以下三种：

### 1. 烹制前调味

调味的第一个阶段是原料加热前的调味，又叫"基本调味"。是在切配菜时进行的，先用少量的盐、酱油、料酒或糖放入原料中调拌一下，或者是浸泡一段时间，称为"码味"。目的是让调味品的味渗入原料内，使原料在下锅前有一个基本的味，并消除原料的腥膻味，此法适用于鸡、鸭、鱼、虾、肉类原料，如蒸、炸、酥类菜肴，烹制前多做此处理。有些配料，如青笋、黄瓜等，也需要在烹调前用精盐腌一下，以腌去部分水分，确定它的基本味。

2.烹制中调味

调味的第二个阶段是在原料加热过程中的调味，也叫正式调味、定型调味，或称决定性调味。是在菜肴加热过程中，适时加入调味品，是决定性的定型调味。大部分菜肴采用的是这种调味法。这种调味法，可将味料下入油锅中略烹，也可兑成味汁在起锅前淋入，要视火候而定。定型调味味料多，用量大，可一次投入，也可分几次投入。投料应做到准确、适时，以保证成菜质地、口味的需求。如卷心菜味若苦，需调以甘；雪花丸子要求味甜，若不加入适量的食盐，则越吃越乏味。为了达到调味的目的，在烹制方法上也有一定的要求，正如袁牧在《随园食单》中所云："有以干燥为贵者，使其味入于内，煎炒之物有也；有以汤多为贵者，使其味溢于外，清浮之物是也。"定型调味法的下料时机十分重要。如用醋调味，若为去腥膻之气，就应该在烹制前或烹制时先加醋，口感方无酸味；如果做"酸辣汤""醋椒鱼"之类的菜肴，则应后放醋，否则，醋随水气蒸发，不显酸味。再如酱油，用量过多有酱味，烹制后加则有制作酱油时因发酵而产生的乳酸、酮酸等酸味。因此，只有明了这些调料的性质，才能知道先加或后放的科学道理，更易于掌握下料的时机。

在加热过程中调味，可以确定菜品的风味特色。对于烩、烧、炖等烹调方法，以及一些无法进行加热前调味或不适合加热后调味的情况，加热中调味对于菜品的制作起着决定性的作用。此外炸法本身的过程也是调味，是增香味的调味方法。

3.加热后调味

调味的第三个阶段是烹饪原料加热后的调味，又称补充调味、辅助调味。因为有些原料在加热过程中不能或不宜定味，只凭烹制前调味仍达不到调味要求，只好在成菜后带调料上席，在食前调味，以保持菜肴的风味特色或利于进食。辅助调味不起主导作用，但可以弥补前面两道程序的某些缺陷，来满足人们对味的浓淡不同的需要，对一些烹调方法，如蒸、炸、涮、烤等，起着非常关键的作用。对于烹制加热前和加热中都不易调味或不能充分调味的原料，通过烹制加热后的调味，可以确定菜品的口味和特点。

调味时，不是一次投放的，应分宾主，有先有后，分开层次。其中，关键的是定型调味。它与加热、施水相配合，料多、量足，"一锤定音"。有些菜不适合于加热时调味，则需要在烹制前调味或加热后调味来解决定型问题。总之，调味的程序，要便于味料分期分批地渗入，形成层次感；便于原料分期分批地吸收，使调味品均匀地渗透到原料中去，才能最大限度地让食者真正尝到各种佳肴的美味。

除了调味品外，影响成菜味道的因素还有很多，如原料的产地、原料的新鲜度、火候的控制、下料的时间、出锅的快慢等，均起到一定的作用。

因此，要想使菜肴味美可口，烹饪者就必须有深厚的基本功，要做到掌握基本味和调味品的性质及关系；正确地运用调味原则；准确把握菜肴口味和调味时机。掌握基本味及调味品性质与关系，是整个调味过程的基础，它把握得好坏，对菜品能否突出特有的风味，有着直接的影响。

调味是菜肴成败的关键，从饮食养生角度看，十分重要；从餐饮企业的经营讲，关系到企业的兴衰成败，必须引起经营者的高度重视。调味时因原料、烹调方法、菜肴种类等的不同而采用加热前调味、加热过程中调味、加热后调味的方法。

### 三、调味应注意的问题

1.熟知调味品的"味度"，做到心中有数

在制作菜肴前，必须先了解调味品的品牌，掌握它的成分、含量，事先尝好调味品的酸、甜、咸、辣、麻、鲜的度，做到烹调时心中有数，准确掌握调味品的添加量，使成菜的味道适合就餐者的口味。如川菜中的泡辣椒，由于品种不同，含盐量也不一样，厨师如不了解这一点，在烹调菜肴时就会出现失误。

2.注重出味、入味、矫味

一些新鲜的原料，要注意突出其本味。如新鲜的水产品，不要用掩盖其滋味的调味品，如八角、桂皮、茴香等。一些无滋味的原料，要使其入味，如海参、蹄筋、鱼肚等原料，就要使其入味。如可做葱烧海参、芥末蹄筋、蟹黄鱼肚等菜肴。有腥膻气味的原料要注重矫味，要多用去腥解腻的调料，如腰子可用料酒，蹄髈可用八角、茴香等调味品。

3.在宴席中，菜肴口味搭配上要多样化

宴席菜肴的口味种类应多样化，各种口味应协调，而不是单一的口味。如考虑客人的口味习惯，此桌菜肴应以清淡为主，但也应搭配上几道富有刺激性的菜，这样就能使就餐者的口味得到调剂。

4.厨师要有正常的辨味能力

菜肴的味是经厨师调和的，若厨师味觉出现偏差，菜肴的口味必然难以让客人接受。因此，厨师在进食时，要注意补充一些含锌的食物，锌能使人保持正常的味觉。并注意不要长期大量饮酒。

### 四、调味品的使用

**1.容器的选择**

有腐蚀性的调料,应该选择玻璃、陶瓷等耐腐蚀的容器;含挥发性的调料,如花椒、大料等应该密封保存;易发生化学反应的调料,如调料油等油脂性调料,由于在阳光作用下会加速脂肪的氧化,故存放时应避光、密封;易潮解的调料,如盐、糖、味精等应选择密闭容器。

**2.环境的选择**

保管调味品时环境温度要适宜。温度太高,糖易溶化,醋会由于细菌繁殖,变质而产生浑浊现象;葱、姜、蒜等调料温度高容易生芽,温度太低容易冻伤。

环境湿度太大,会加速微生物的繁殖,会加速糖、盐等调味品的潮解;湿度过低,会使葱、姜等调味品大量失水;油脂类需要避光保存,否则会加速氧化而酸败;香辛料香气会加速挥发,暴露在空气中也易产生类似的影响。

**3.方法的选择**

不同性质的调味料应该分别保管,如新油与使用过的油不宜相互混合;食盐和糖不宜混放在一起,液体调料与固体调料不宜混放在一起。调料应及时使用,现用现加工。如淀粉汁、材料油、葱花、姜末等,应根据用量掌握好加工数量,尽可能一次用完,否则会造成浪费。

**4.调味品的合理摆放**

临灶操作时,调味品的放置要符合操作方便、不易混淆、不易污染的原则。

(1)先用的调味品要近放,后用的调味品要远放。

(2)常用的调味品要近放,不常用的调味品要远放。

(3)液体的调味品要近放,固体的调味品要远放。

(4)有色的调味品要近放,无色的调味品要远放。

(5)耐热的调味品要近放,不耐热的调味品要远放。

(6)颜色相同的调味品或相近的调味品要间隔放置。

练 习 实 践

1.什么是调味?调味有什么作用?

2.影响味觉的因素有哪些?

3.味觉有哪几种现象?为什么会出现这种现象?

4.调味的原则和方法有哪些？

5.味型可分为哪些种类？

6.请举出 10 种复合调味品的制作方法。

7.厨房中调味品的摆放有哪些要求？

# 第三节　冷菜调味

## 一、冷菜调味的原则

1.要选用新鲜的原料

选择新鲜材料,特别是一些适应于凉拌的植物性原材料一定要保持新鲜。

2.制作时要注意卫生安全

讲究卫生,很多凉拌菜都是有生有熟,因此在处理时案板和刀具等都要生熟分开。

3.调味的口味要与食材相结合

按食材的性质进行调味。植物性原料多适应于清淡爽口的味型,动物性原料,多选用厚重口味的味型。

4.要适时调味

有些冷菜需要现做现吃,不宜调味过早。如有些蔬菜,盐放早了,就容易出水,有些蔬菜醋放早了,就容易变色。季节变化也很重要,如夏天天气炎热,调味就要清淡一些,多选用酸爽可口的调味;而冬天人们怕冷,口味就可以重一些。

5.筵席套餐冷菜调味口味要有变化

筵席冷菜搭配品种较多,每个冷菜要调制不同的口味,从而形成丰富的口味要求,让客人满足口味的需要。

## 二、冷菜调味的方法

1.拌

拌是指把生料或熟料加工成丝、条、片、块等较小形状,用调味品调味拌均匀后直接食用的一类调味方法。拌还是一种常用的烹调方法,菜肴口味变化很多,如甜酸味、酸辣味、芥末味、椒麻味、怪味、麻酱味、麻辣味等。一般以植物性原料作生料,以动物性原料作熟料。

拌的菜肴一般具有入味、鲜嫩、清爽、清淡的特点。其用料广泛,荤、素均可;生、熟皆宜。如生料,多用鲜牛肉、鲜鱼肉、各种蔬菜、瓜果等;熟料多用熟鸡、熟肉、熟制的水产等。

拌的方法常用的调味料有精盐、酱油、味精、白糖、芝麻酱、辣酱、芥末、醋、五香粉、葱、姜、蒜、香菜等。

调味是拌菜的关键，也是形成菜肴鲜美味道的主要程序。要视菜的原料和食用者对咸、甜、酸、辣、苦、香、鲜等要求，正确选择调味品，并且按照各种调料的特性，酌量、适时使用调料。调味要轻，以清淡为本，下料后要注意调拌均匀，调好之后，又不能有剩余的调味料积沉于盛器的底部。否则将达不到理想的要求。拌菜通常使用的佐料有：食盐、酱油、醋、香油、芝麻酱、芥末、大葱、姜、蒜、辣椒、白糖、五香调料水、芫荽等。

调味准确、拌制均匀，口味要结合原料配制，有些原料本身有一定的口味，如甜味、酸味、辣味等，要结合这些特点配制调味。

生拌的冷菜不宜拌制过早，随吃随拌，防止出水，失去风味；熟拌的原料要加工成小型形状，便于拌制入味；熟拌的原料可以趁热拌制，也可以凉凉拌制，视具体菜肴而定。

2.腌

腌是指以盐、酱、糖、酒、糟为主要调味品，利用精盐、糖、醋、酒等溶液的渗透作用，使其入味的一类调味方法。按调味不同分为盐腌、醉腌、糟腌、糖醋腌；按腌制的方法可分为干腌和湿腌。腌是通过渗透使原料入味，而渗透是需要一定时间的，腌制的时间要视原料及成品菜肴不同的要求特点而掌握。

腌制冷菜不同于腌咸菜，是将原料浸渍于调味料中，或用调料涂抹拌和，以排除原料中的水分和异味，使原料入味，并使有些原料具有特殊质感的制法。调味不同，风味也就各异。同时，腌制类制品的调味中，盐是最主要的，任何腌法也少不了它。

（1）盐腌

是将原料用食盐涂抹或放盐水中浸渍的腌制方法，是最常用的腌制方法，它也是各种腌制方法的基础工序。盐腌的原料水分溢出，盐分渗入，能保持清鲜脆嫩的特点。经盐腌后直接供食的有"腌白菜""腌芹菜"等。用于盐腌的生料须特别新鲜，用盐量要准确。

（2）糖（醋）渍

是以白糖、白醋或采用果汁等酸甜口味的调味品作为主要调味品的腌制方法。在经糖醋腌之前，原料必须经过盐腌这道工序，使其水分溢出，渗进盐分，以免澥口。然后再用糖醋汁腌制，如"辣白菜"等。糖醋汁的熬制要注意比例，一般的比例是 2∶1～3∶1，糖多醋少，甜中带酸。

（3）糟腌

以盐及糟卤作为主要调味卤汁腌制成菜的一种方法。糟腌之法类同于醉腌，不同之处在于醉腌用酒（或酒酿），而糟腌则用糟卤（亦称香糟卤）。冷菜中的糟制菜品，一般多在夏季食用，此类菜品清爽芳香，如："糟凤爪""糟卤毛豆"等。

### 3.酱

酱多选用以家禽、家畜及其四肢、内脏作为原料。是经过加工整理过的原料，再经过腌制后焯水、过凉放入酱汁锅中，用大火烧沸、中小火较长时间加热酱制入味成熟、旺火收汁的一种热制冷吃的烹调方法。

韧性较大的动物性原料，原料要先通过腌制入味，焯水处理；兑制酱汁时调味料要足，汁的量不宜过多，以保持酱汁的色泽及浓度。酱汤的调制方法相对来说简单很多。要配制高质量的酱汤。提前用老鸡、棒子骨等荤料熬成汤料，然后在汤料中放入常用香料和简单的调味料，比如盐、鸡粉、糖色等熬制而成。由于酱制的原料多带有浓郁的异味，所以香料包的配比非常关键。酱制的特点色泽棕红明亮、口感软糯、原汁原味。

### 4.卤

卤是将加工好的原料或预制后的半成品、熟料，放入提前熬好的卤水中加热，使原料充分吸收卤味并成熟的烹调方法。卤水要吊汤、搭配香料和调料外香料的配比，较酱汤的香料搭配更为复杂。卤制菜品色泽美观、鲜香醇厚。

卤制菜的色、香、味完全取决于卤汤。行业中习惯上将卤汤分为两类，即红卤和白卤（亦称清卤）。由于地域的差别，各地方调制卤汤时的用料不尽相同。大体上常用的调制红卤的原料有：红酱油、红曲米、料酒、葱、姜、冰糖（白糖）、盐、味精、大茴香、小茴香、桂皮、草果、花椒、丁香等；制作白卤水常用的原料有：盐、味精、葱、姜、料酒、桂皮、大茴香、花椒等，俗称"盐卤水"。无论红卤，还是白卤，尽管其调制时调味料的用量因地而异，但有一点是共同的，即在投入所需卤制品时，应先将卤汤熬制一定的时间，然后再下料。

每天使用完卤汤后，如何存放，如何补汤、补色、补味……都有很高的技术含量。

### 5.熏

熏就是将经过腌制加工的原料经蒸、煮、卤、炸等方法加热预熟（或直接将腌制入味的生料）置于有锅巴、茶叶、木屑、糖等熏料的熏锅中，加盖密封，利用熏料烤炙散发出的烟香和热气熏制成熟及增加风味的方法。熏制菜品以其烟香味独特而受到人们的青睐，常见的品种有："生熏白鱼""毛峰熏鲈鱼""烟熏猪脑"等。制品红亮光润，香气独特，熏有生熏、熟熏之分，生熏一般使用鲜嫩易熟的原料，如鱼、鸡、鲜笋等。熏料的配制常用茶叶、木屑、红糖、干蔗皮、稻皮、面粉等。原料熏制成熟后，应在其外表涂抹一层油，能增其香味，同时会使原料油润光亮。

### 6.挂霜

挂霜是以油为传热介质，将经过油炸的小型原料挂上或撒上一层似粉似霜的白糖的甜菜的一种烹调方法。成品松脆香甜，洁白似霜。挂霜的方法有两种：一是将炸好的原料放入盘中,上面直接撒上白糖,适合于颜色较浅的原料;二是在拔丝的基础上,利用糖浆的黏性在原料表面滚粘一层白糖。挂霜菜肴主要有"雪衣豆沙""香蕉锅炸""挂霜丸子"等。

挂霜的原料,一般选用含水分较少的干果作主料,也可选用一些动物性原料(如排骨、肥膘肉等)。小型原料一般不经细加工即可直接炸制;稍大的原料通常切成块、条、片或将原料压成蓉泥包入馅心制成丸子等形状后炸制。

有一些著名的霜冻菜,如带霜冻的腰果、可可桃仁,带霜冻的排骨,带霜的新鲜切片等,表面洁白似霜,味香甜质脆。

7.泡

泡是将新鲜蔬菜、水果等原料经洗涤、切配,不需加热直接放入泡菜卤水中泡制的一种方法。泡制出的成品,称为泡菜。泡是一种特殊的技法,相当于泡腌,但在泡制的过程中,会产生大量乳酸。东北的酸菜是用盐腌制,性质与泡菜一样,所以有些地方将泡菜也称为酸菜。

泡的种类主要有甜泡和咸泡。

甜泡:泡卤以糖、白醋等为主要调料品。

咸泡:泡卤以盐、酒、辣椒等为主要调味品。

泡制的原料要新鲜脆嫩;泡制时要根据季节和卤水的新、陈、淡、浓、咸、甜而定;泡卤未腐败变质可继续使用,但需将陈物捞尽。

8.浇汁

浇汁是冷菜中最常见的技法,就是将各种调味品,调制成汁,将切配好的菜肴装入盘中,将调味汁直接浇在菜肴上,使其入味的一种方法。

浇汁法方便实用,口味、色泽标准一致,可大量制作,特别适用于大型宴会中冷菜的调味。

9.黏撒

黏撒调味法则是在原料表面撒上调味进行调味。如"糖拌西红柿"是将改刀后的西红柿装盘后,撒上白糖进行调味。

10.蘸

就是把食物蘸着酱吃,有些食物,特别是一些形态较大的食物,需要蘸调料食用,一方面使原料入味,同时也增加食客的兴趣,食客可以按照个人爱好蘸食。如黄瓜蘸酱、大葱蘸酱等。

# 第四节 冷菜常用调味汁

1.盐味汁：以精盐、味精、香油加适量鲜汤调和而成，为白色咸鲜味。适用拌食鸡肉、虾肉、蔬菜、豆类等，如盐味鸡脯、盐味虾、盐味蚕豆、盐味莴苣等。

2.酱油汁：以酱油、味精、香油、鲜汤调和制成，为红黑色咸鲜味。用于拌食或蘸食肉类主料，如：酱油鸡、酱油肉等。

3.虾油汁：用料有虾子、盐、味精、香油、绍酒、鲜汤。做法是先用香油炸香虾子后再加调料烧沸，为白色咸鲜味。用以拌食荤素菜皆可，如：虾油冬笋、虾油鸡片。

4.蟹油汁：用料为熟蟹黄、盐、味精、姜末、绍酒、鲜汤。蟹黄先用植物油炸香后加调料烧沸，为橘红色咸鲜味。多用以拌食荤料，如：蟹油鱼片、蟹油鸡脯、蟹油鸭脯等。

5.蚝油汁：用料为蚝油、盐、香油。加鲜汤烧沸，为咖啡色咸鲜味。用以拌食荤料，如：蚝油鸡、蚝油肉片等。

6.韭味汁：用料为腌韭菜花、味精、香油、精盐、鲜汤。腌韭菜花用刀剁成蓉，然后加调料鲜汤调和，为绿色咸鲜味。拌食荤素菜肴皆宜，如：韭味里脊、韭味鸡丝、韭味口条等。

7.麻叶汁：用料为芝麻酱、精盐、味精、香油、蒜泥。将麻酱用香油调稀，加精盐、味精调和均匀，为赤色咸香料。拌食荤素原料均可，如：麻酱拌豆角、麻汁黄瓜、麻汁海参等。

8.椒麻汁：用料为生花椒、生葱、盐、香油、味精、鲜汤。将花椒、生葱同制成细蓉，加调料调和均匀，为绿色咸香味。拌食荤食，如：椒麻鸡片、里脊片等。忌用熟花椒。

9.葱油汁：用料为生油、葱末、盐、味精。葱末入油后炸香，即成葱油，再同调料拌匀，为白色咸香味。用以拌食禽、蔬、肉类原料，如：葱油鸡、葱油萝卜丝等。

10.糟油汁：用料为糟汁、盐、味精，调匀，为咖啡色咸香味。用以拌食禽、肉、水产类原料，如：糟油凤爪、糟油鱼片、糟油虾等。

11.酒味汁：用料为好白酒、盐、味精、香油、鲜汤。将调料调匀后加入白酒，为白色咸香味，也可加酱油成红色。用以拌食水产品、禽类较宜，如：醉青虾、醉鸡脯，以生虾最有风味。

12.芥末糊：用料为芥末粉、醋、味精、香油、糖。做法用芥末粉加醋、糖、水调和成糊状，静置半小时后再加调料调和，为淡黄色咸香味。用以拌食荤素均宜，如：

芥末肚丝、芥末鸡皮苔菜等。

13.咖喱汁:用料为咖喱粉、葱、姜、蒜、辣椒、盐、味精、油。咖喱粉加水调成糊状,用油炸成咖喱浆,加汤调成汁,为黄色咸香味。禽、肉、水产都宜,如:咖喱鸡片、咖喱鱼条等。

14.姜味汁:用料为生姜、盐、味精、油。生姜挤汁,与调料调和,为白色咸香味。最宜拌食禽类,如:姜汁鸡块、姜汁鸡脯等。

15.蒜泥汁:用料为生蒜瓣、盐、味精、麻油、鲜汤。蒜瓣捣烂成泥,加调料、鲜汤调和,为白色。拌食荤素皆宜,如:蒜泥白肉、蒜泥豆角等。

16.五香汁:用料为五香料、盐、鲜汤、绍酒。做法为鲜汤中加盐、五香料、绍酒,将原料放入汤中,煮熟后捞出冷食。最适宜煮禽内脏类,如:盐水鸭肝等。

17.茶熏味:用料为精盐、味精、麻油、茶叶、白糖、木屑等。做法为先将原料放在盐水汁中煮熟,然后在锅内铺上木屑、白糖、茶叶,加箅,将煮熟的原料放箅上,盖上锅用小火熏,使原汁凝结原料表面。禽、蛋、鱼类皆可熏制,如:熏鸡脯、五香鱼等。注意锅中不可着旺火。

17.酱醋汁:用料为酱油、醋、香油。调和后为浅红色,为咸酸味型。用以拌菜或炝菜,荤素皆宜,如:炝腰片、炝胗肝等。

18.酱汁:用料为面酱、精盐、白糖、香油。先将面酱炒香,加入糖、盐、清汤、香油后再将原料入锅熻透,为赤色咸甜型。用来酱制菜肴,荤素均宜,如:酱汁茄子、酱汁肉等。

19.糖醋汁:以糖、醋为原料,调和成汁后,拌入主料中,用于拌制蔬菜,如:糖醋萝卜、糖醋番茄等。也可以先将主料炸或煮熟后,再加入糖醋汁炸透,成为滚糖醋汁。多用于荤料,如:糖醋排骨、糖醋鱼片。还可将糖、醋调和入锅,加水烧开,凉后再加入主料浸泡数小时后食用,多用于泡制蔬菜的叶、根、茎、果,如:泡青椒、泡黄瓜、泡萝卜、泡姜芽等。

20.山楂汁:用料为山楂糕、白糖、白醋、桂花酱。将山楂糕打烂成泥后加入调料调和成汁即可。多用于拌制蔬菜果类,如:楂汁马蹄、楂味鲜菱、珊瑚藕。

21.茄味汁:用料为番茄酱、白糖、醋,做法是将番茄酱用油炒透后加糖、醋、水调和。多用于拌熘荤菜,如:茄汁鱼条、茄汁大虾、茄汁里脊、茄汁鸡片。

22.红油汁:用料为红辣椒油、盐、味精、鲜汤,调和成汁,为红色咸辣味。用以拌食荤素原料,如:红油鸡、红油笋条、红油里脊等。

23.青椒汁:用料为青辣椒、盐、味精、香油、鲜汤。将青椒切剁成蓉,加调料调和成汁,为绿色咸辣味。多用于拌食荤食原料,如:椒味里脊、椒味鸡脯、椒味鱼条等。

24.胡椒汁:用料为白椒、盐、味精、香油、蒜泥、鲜汤,调和成汁后,多用于炝、拌肉类和水产原料,如:拌鱼丝、鲜辣鱿鱼等。

25.鲜辣汁:用料为糖、醋、辣椒、姜、葱、盐、味精、香油。将辣椒、姜、葱切丝炒透,加调料、鲜汤成汁,为咖啡色酸辣味。多用于炝腌蔬菜,如:酸辣白菜、酸辣黄瓜。

26.醋姜汁:用料为黄香醋、生姜。将生姜切成末或丝,加醋调和,为咖啡色酸香味。适宜于拌食鱼虾,如:姜末虾、姜末蟹、姜汁肴肉。

27.三味汁:以蒜泥汁、姜味汁、青椒汁三味调和而成,为绿色。用以拌食荤素皆宜,如:炝菜心、拌肚仁、三味鸡等,具有独特风味。

28.麻辣汁:用料为酱油、醋、糖、盐、味精、辣油、麻油、花椒面、芝麻粉、葱、蒜、姜,将以上原料调和后即可。用以拌食主料,荤素皆宜,如:麻辣鸡条、麻辣黄瓜、麻辣肚、麻辣腰片等。

29.五香汁:用料为丁香、芫荽、花椒、桂皮、陈皮、草果、良姜、山楂、生姜、葱、酱油、盐、绍酒、鲜汤,将以上调料加汤煮沸,再将主料加入煮浸到烂。用于煮制荤原料,如:五香牛肉、五香扒鸡、五香口条等。

30.糖油汁:用料为白糖、麻油。调后拌食蔬菜,为白色甜香味,如:糖油黄瓜、糖油莴苣等。

# 第五节 　热菜调味

## 一、热菜调味的操作要点

1.调味品的用量

(1)对于新鲜原料,如鸡、瘦肉本身就有可口的滋味,调味品就不宜加入太多,否则原料中扩散了大量的调味品,调味品的滋味就会掩盖原料本身的美味。

(2)有些原料本身无显著味道,如海参、鱼翅等,为了增进其滋味,就必须加入足量的提鲜增香的调料,以增大调味物质向原料扩散。

(3)豆腐、粉皮、萝卜等滋味清淡的原料,若在加热时适当加入一些葱、姜、鲜汤或酱油等调料,就可使其滋味明显改进。

(4)对于一些具有腥膻气味的原料,如鱼、虾、内脏、牛羊肉等,若调料投入不足,则向原料内部的扩散量少,就不足以去除原料的腥膻气味,因此调料加入量必须足够,一般使用具有挥发性的酒、醋、葱、姜等,如料酒可将鱼、虾、脏腑组织中所含的三甲胺、氨基戊醛等物质溶解,使之挥发,达到去除腥膻的作用。

2.调味品投放的温度和顺序

根据原料的特点和烹调方法,调味一般可分为加热前调味、加热中调味和加热后调味三个阶段。

(1)调料中呈味物质向原料的扩散与温度及时间成正比,加热前调味由于温度较低,呈味物质扩散速度慢,某些原料就需要进行较长时间的腌渍,才能保证其足够的扩散量。

(2)在加热中调味,由于温度高、呈味物质扩散速度快,原料下锅后,要在适当的时候根据菜肴的口味要求,加入数量准确的调味品,它往往就决定了菜肴的味道,像涮、蒸、炸等烹制方法。

(3)在加热中无法调味,调味就必须在加热后趁热进行,以提高呈味物质的扩散速度。即使加热前已进行调味的,加热后也可加些辅助调料,以弥补加热前调味的不足。

(4)翻炒技术在烹制过程中,由于温度高扩散速度快,要注意原料与调料的均匀接触或混合,烹调中的翻、炒、搅、拌等操作,是为了控制传热量,防止原料某一部分过热,保证热量均匀地向烹饪原料的各个面扩散,避免某些部位的味道过浓,而某些部位过淡的不均匀现象。

## 二、热菜调味的方法

调味的方法是指在烹调加工中使烹饪原料入味（包括附味）的方法。按烹调加工中入味的方式不同，调味一般可分为以下几种方法。

1.腌渍调味法

腌渍调味法是指将调料与菜肴的主、配料调和均匀，或将菜肴的主、配料浸泡在溶有调料的溶液中，经过腌渍一段时间使菜肴主、配料入味的调味方法。如制作炸类菜肴时，烹饪原料在加热前一般都需要进行腌渍调味，使之达到入味的目的。

腌渍法依时间长短，分为长时间腌渍和短时间腌渍；依腌渍时是否用水和液调料，分为干腌渍和湿腌渍。长时间腌渍，短则几小时，长则数天，使原料透味，产生特殊的腌渍风味。短时间腌渍，只要原料入味即可，一般为 5～10 分钟。干腌渍，是用干抹、拌揉的方法使调料溶解并附着在原料表面，使其进味，常用于码味和某些冷菜的调味。湿腌渍，是将原料浸入溶有调料的水中进行腌渍，常用于花刀原料和易碎原料的码味，如松鼠鳜鱼的码味即是。一些冷菜的调味和某些热菜的进一步入味也经常用到湿腌渍法。

2.炝锅法

炝锅是烹饪中最常见的现象。又称"炸锅"或"煸锅"，是指将姜、葱、辣椒末或其他带有香味的调料放入烧热的底油锅中煸炒出香味，再及时下菜料的一种方法。葱、姜、蒜含有硫化丙烯，用于炝锅时，可散发出强烈辛香气味，对菜肴具有解腥去异、增香提味的作用。葱、姜、蒜炝锅应切为细末，这样才易于受热出味，如切段、片、块则不易发挥作用。

当菜肴主料无香味或香味不足时，用炝锅之法增加香味；有些原料有异味，在烹制时除了设法去除外，也可以用炝锅之法，使菜肴香气格调发生变化。

炝锅时应注意油温在二三成时为佳，过低炝不出香味，温度过高会使葱、姜、蒜炝煳变黑，不仅影响成菜外形，也影响口味。

炝锅要因菜而异，每种菜是否炝锅应根据其口味和性质而定。如使用不当就会失去意义，甚至适得其反。宜于炝锅的原料和菜肴包括海味类、肉类，特别是脏腑类和鲜度差的原料。

3.直接调味法

直接调味法，就是在菜肴烹制过程中，直接加入各种调味品进行烹制的方法。是烹制菜肴使用最多的方法。

4.芡汁调味法

有味芡汁是将湿淀粉加调味品（俗称兑汁）放在一起调拌而成。即在菜肴烹调前，先把炒菜所需各种调味品和湿淀粉放在碗中调匀，到菜肴烹调接近成熟出锅时，淋入锅中颠翻数下出锅。

这种兑汁的方法多适用于爆、炒、烹、熘等旺火速成的菜肴，加热时间短，操作动作要快。提前制作芡汁，对于菜品的口味标准化有很大帮助。如鱼香肉丝、宫保鸡丁等菜肴就是使用味芡调味出形。

5.烹汁法

烹汁法，就是将各种调料调制成汁，直接倒在菜肴中烹汁入味的方法。调味汁是用于调和味道的料理汁。各种调味汁的用料配比，可根据各人口味，因不同菜肴而调节口味。

6.油淋调味法

有些菜肴制作装盘后，需要撒上葱姜丝、花椒等物，然后用热油浇制，使葱姜等散发出热气，增加菜肴的风味和口味，也使菜肴油亮。如水煮肉片、豉油鱼等。

7.分散调味法

分散调味法是指将调料溶解并分散于汤汁中的调味方法。如制作丸子类菜肴时，调制肉馅一般采取的都是分散调味法，以使调料均匀地分散在原料中，从而达到调味的目的。

8.热渗调味法

热渗调味法是指在热力的作用下，使调料中的呈味物质渗入菜肴的主、配料内的调味方法。此法是在上述两种方法的基础上进行的，一般在烧、烩、蒸等烹调方法中应用。如制作烧类菜肴时，均需要进行热渗调味法。烹调时一般采用小火、长时间加热的方法，目的是使汤汁中调料的呈味物质由表及里地渗透至烹饪原料的内部，使之起到入味的作用。从而使原料入味表里如一、味道鲜美。

9.裹汁调味法

裹汁调味法就是将液体状态的调料裹在烹饪原料表面，使之带有滋味的调味方法。一般在原料经过油炸或滑油定型后，倒在调好的调味料中。如"糖醋脆皮鱼"就是采用此法。

10.浇汁调味法

浇汁调味法就是将液体状态的调料裹在烹饪原料表面，使之带有滋味的调味方法。浇汁法多用于油炸或清蒸定型的菜肴，将调好的调味汁，均匀地浇在菜肴上，调味汁有的是使用蒸制的原汤，如扣肉；也有的是另制作，如菊花鱼就是采用的浇汁法。

11.随味碟调味法

随味碟调味法是将调料装置在小碟或小碗中，随成品菜肴一起上席，供用餐者蘸而食之的调味方法。这种方法在冷菜、热菜中均有应用。如炸类菜肴的原料经烹调后，均需要进行调味，一般采用的都是随味碟调味法，进行调味的味型应视菜肴的要求及进餐者的需求而定。随味碟调料由进餐者有选择地自行佐食。再如，涮羊肉就需要蘸佐料食用。

### 三、调味的辅助性手段

调味的辅助性手段适用于原料加热前或加热过程中，对不便于调味或不能调味的菜肴采取一些辅助调味的方法。如腌制、勾芡等。许多食物的加工技法和烹调技法还可以作为调味的辅助性手段，如食物烹制调味前进行的腌制、风制、腊制、熏制等食物的加工方法，在加工的过程中已经对食物进行了一定的调味，使食物具有特殊的风味和口味。还有菜肴烹制过程中勾芡用的兑汁芡、挂糊用的糊中加入的一些调味品；上浆使用的盐和黄酒等，烧烤制品的刷油，脆皮制品表面抹制的糖色等，这些都属于调味的辅助性手段。这些内容在相关的章节中都有介绍，不再一一赘述。